꿀벌이 좋아하는
우리 산야의 꽃

꿀벌이 좋아하는
우리 산야의 꽃

초판인쇄 | 2013년 1월 2일
초판발행 | 2013년 1월 7일

지 은 이 | 홍인표 · 우순옥 · 최용수 · 심하식
한상미 · 변규호 · 이명렬
펴 낸 이 | 고명흠
펴 낸 곳 | 푸른행복

출판등록 | 2010년 1월 22일 제312-2010-000007호
주　　　소 | 서울 서대문구 홍은1동 455번지 벽산아파트상가B/D 304호
전　　　화 | (02)3216-8401~3 / FAX (02)3216-8404
E-MAIL | munyei21@hanmail.net
홈페이지 | www.munyei.com

ISBN 978-89-93426-78-6(13480)

| 주변에서 쉽게 볼 수 있는 **꽃**과 **꿀벌** 도감 |

 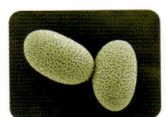 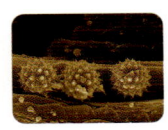 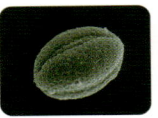 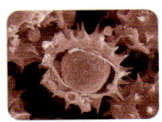

꿀벌이 좋아하는
우리 산야의 꽃

― 꽃가루의 미세구조 사진 상세 수록 ―

공저　홍인표 · 우순옥 · 최용수 · 심하식
　　　한상미 · 변규호 · 이명렬

푸른행복

책머리에

인간이 자연을 떠나 살 수 없듯이 식물 또한 벌 없이는 생존이 불가능하다. 아인슈타인은 꿀벌이 사라진다면 4년 안에 인류 역시 멸망할 것이라고 전망했는데, 그 이유는 지구상에 존재하는 많은 식물들이 꿀벌에게 수분(꽃가루받이)을 의존하고 있으며, 우리 먹을거리의 1/3 이상이 꿀벌과 밀접한 관련이 있기 때문일 것이다. 또한 꿀벌은 우리 인간에게 생태계 보전이라는 공익적 가치를 제공한다. 전 세계 100대 농작물 중 71%가 꿀벌에 의해 수분이 이루어지며, 우리나라에서도 꿀벌이 농작물 수분에 기여하는 경제적 가치는 약 6조 원으로 평가된다.

꿀벌에게는 배울 점 또한 많다. 꿀벌도 우리 인간처럼 집단생활을 한다. 한 꿀벌 집단 안에는 여왕벌, 일벌, 수벌이 함께 살고 있는데 여왕벌은 평생 알만 낳고, 일벌은 애벌레 키우기, 집 짓기, 꿀 만들기 등의 일을 하며, 수벌은 여왕벌과 짝짓기를 한다.

꿀벌에게서 우리가 본받아야 할 점은 첫째, 성실과 근면성이다. 일벌은 꿀 1kg을 모으기 위해서 지구를 한 바퀴 도는 만큼의 거리를 비행한다. 둘째, 민주적 소통이다. 일벌들은 여왕벌이 알을 낳을 자리, 분가 시기 등을 합의를 통해 결정한다. 셋째, 청결과 협동이다. 벌들은 오염원이 침투되는 것을 막기 위해 끊임없이 청소를 하고, 군집을 유지하기 위해 서로 협동한다. 넷째, 희생정신이다. 무기인 벌침은 일생 동안 단 한 번밖에 쓸 수 없기 때문에 늙은 일벌들은 벌통을 지키며 외적의 침입에 대응한다.

이 책은 우리 주변에서 쉽게 볼 수 있는 식물 중 벌이 꿀과 화분 (꽃가루)을 수집하기 위해 찾아드는 꽃 116종에 대하여 사진 자료를 바탕으로 소개한 꿀벌과 꽃 도감이다.

제1장에서는 초본류 꽃 83종, 제2장에서는 목본류 꽃 33종을 담았으며 각각의 꽃에 대해서 식물별 생태와 쓰임새, 꽃이 피는 시기와 특징을 설명하였다. 또한 제3장에서는 꽃가루의 미세구조 사진을 상세히 수록하였다.

꽃에 벌이 날아와 수분(受粉)을 하고 꿀을 수집하는 그 찰나의 순간을 담은 귀중한 사진들이 식물별로 선명하게 소개된 이 책은 자연관찰 활동을 하는 학생들, 꿀벌이 좋아하는 꽃이 어떤 것들인지, 관심을 가진 일반인과 관련 분야 종사자들에게 좋은 자료로 활용되리라고 기대한다.

지은이 씀

CONTENTS

제1장
초본류

01 개망초

- **성 상** : 두해살이풀
- **이 명** : 망국초, 왜풀, 개망풀
- **분 류** : 국화과(Compositae)
- **학 명** : *Erigeron annuus* (L.) Pers.
- **영문명** : Daisy Fleabane, Sweet Scabious, White-top
- **원산지** : 북아메리카
- **꽃 말** : 화해

▲ 개망초_ 무리

● **생태 :** 밭이나 들, 길가에
서 자라며 높이는 30~
100㎝이고, 전체에 굵은
털이 있으며 가지가 많이
갈라진다. 윗부분의 잎은
좁은 달걀형으로 뾰족한
톱니가 있고 양끝이 좁으
며 가장자리에 털이 있다.

▲ 개망초_ 잎

● **쓰임새 :** 식용 및 약용

● 꽃은 6~8월에 피고 원줄
기와 가지 끝에 지름 2㎝
정도의 흰색 또는 연자줏
빛 꽃이 달린다. 수꽃의
수과는 털이 있고 암꽃의
수과는 관모가 있으며 양

▲ 개망초_ 꽃

성화의 수과는 막질의 관모와 털로 이루어진 관모가 있다. 꿀보
다는 화분이 많은 식물이다.

02 고수

- **성 상 :** 한해살이풀
- **이 명 :** 호유실, 빈대풀
- **분 류 :** 미나리과(Umbelliferae)
- **학 명 :** *Coriandrum sativum* L.
- **영문명 :** Wild coriander
- **원산지 :** 지중해 연안
- **꽃 말 :** 지혜

● **생태 :** 줄기는 곧고 속은 비어 있으며 가지가 약간 갈라진다. 높이는 30~60㎝이다. 절에서 많이 재배하며, 잎은 맛과 향(빈대 냄새)이 매우 독특하며 김치를 담가 먹기도 한다. 중국에서는 '샹차이(香菜)'라 하여 향료로 많이 이용한다.

▲ 고수_ 꽃

● **쓰임새 :** 식용 및 약용

● 꽃은 6~7월에 피고 줄기 끝과 가지 끝에 3~6개의 작은 우산 모양 꽃자루에서 10송이 정도의 흰 꽃이 달린다. 꽃잎과 수술은 각각 5개씩이다.

▲ 고수_ 전초

▲ 고수_ 무리

03 곰보배추(배암차즈기)

◎ 성 상 : 여러해살이풀
◎ 이 명 : 동생초, 설견초, 두꺼비풀, 문둥이배추, 독쟁이풀
◎ 분 류 : 꿀풀과(Labiatae)
◎ 학 명 : *Salvia plebeia* R. Brown
◎ 영문명 : Common sage
◎ 원산지 : 한국

● **생태** : 들판이나 논둑, 밭, 강변 등에서 자라며, 뿌리가 배추 뿌리처럼 생긴데다 잎 표면이 올록볼록해서 붙여진 이름이다. 일부 지방에서는 '문둥이배추'라고도 한다. 한국 특산종으로 강원, 경기, 경북 등지에 분포한다.

▲ 곰보배추_ 잎

● **쓰임새** : 식용 및 약용

● 꽃은 5~7월에 피고 연보라색의 꽃이 윤산화서로 2~6송이 달리며 총상화서를 이룬다. 수술은 2개이고 기부에 착생한다.

▲ 곰보배추_ 꽃

▲ 곰보배추_ 무리

04 금계국

- **성 상**: 두해살이풀
- **이 명**: 공작이국화, 각시꽃
- **분 류**: 국화과(Compositae)
- **학 명**: *Coreopsis drummondii* L.
- **영문명**: Lance-leaved tickseed
- **원산지**: 북아메리카
- **꽃 말**: 상쾌한 기분

▲ 금계국_ 잎

▲ 금계국_ 꽃

● **생태 :** 꽃이 노란색이어서 붙여진 이름 이며, 해가 잘 들고 물 빠짐이 좋은 곳 이면 어디서나 잘 자란다. 높이는 30~ 60㎝이고 윗부분에서 가지가 갈라진 다. 달걀형의 잎은 마주나며 가장자리 는 밋밋하다.

● **쓰임새 :** 약용 및 관상용

● 꽃은 6~8월에 피고 노란색 꽃이 원줄 기와 가지 끝에 1개씩 달린다.

▲ 금계국_ 전초

▼ 금계국_ 무리

05 금관화(아스클레피아스)

- **성 상** : 여러해살이풀
- **분 류** : 박주가리과(Asclepiadaceae)
- **학 명** : *Asclepias tuberosa* L.
- **영문명** : Milkweed
- **원산지** : 아메리카

● **생태 :** 높이는 약 1m 정도
이고, 줄기는 황갈색으로
털이 있으며 자르면 흰 유
액이 나온다. 잎은 긴 타
원형이며 주맥(主脈)이 뚜
렷하게 보이고 잎에서도
유액이 나온다. 꽃이 왕관
을 닮았다 해서 금관화라
불린다.

▲ 금관화_ 잎

● **쓰임새 :** 관상용

▲ 금관화_ 꽃

● 꽃은 4~9월에 피고 줄기
끝에 5~10개의 작은 오렌
지색 꽃이 산형으로 핀다.
수술은 5개이고 열매는 양
끝이 뾰족한 원기둥 모양이며 종자에 털이 난다.

▲ 금관화_ 무리

06 금불초

- **성 상 :** 여러해살이풀
- **이 명 :** 하국, 들국화, 옷풀
- **분 류 :** 국화과(Compositae)
- **학 명 :** *Inula britannica* var. *japonica* (Thunb.) Franch. & Sav.
- **영문명 :** Yellowhead
- **원산지 :** 한국
- **꽃 말 :** 상큼함, 상존함

▲ 금불초_ 잎

▲ 금불초_ 꽃

● **생태 :** 꽃 색이 노랗다고 하여 금불초라 불린다. 산과 들의 습지에서 자라고 높이는 20~60㎝이며, 뿌리줄기가 뻗으면서 번식한다. 아랫부분의 잎은 작으며 꽃이 필 때 스러지고, 긴 타원형의 가운데 잎은 끝이 약간 뾰족하고 가장자리는 밋밋하며 드문드문 점이 있다. 윗부분의 잎은 점차 작아진다.

▲ 금불초_ 무리

● **쓰임새 :** 식용 및 약용

● 꽃은 7~9월에 피고 지름 약 3~4㎝의 노란색 꽃이 가지 끝과 줄기 끝에 달린다. 다른 국화류와는 달리 꽃잎이 좁고 길게 나와 있는 것이 특징이다.

07 금잔화_(금송화)

- **성 상 :** 두해살이풀
- **이 명 :** 금송화, 만수국, 홍황초
- **분 류 :** 국화과(Compositae)
- **학 명 :** *Calendula arvensis* L.
- **영문명 :** Marigold
- **원산지 :** 남유럽
- **꽃 말 :** 겸손, 인내

▲ 금잔화_ 무리

● **생태** : 꽃 모양이 술잔 같기
때문에 금잔화라 한다. 높이
는 10~20㎝이고 줄기 밑에
서 가지가 많이 갈라지고 털
은 없으며 녹색이다. 잎은
어긋나고 잔 톱니가 있으나
거의 없는 것 같으며, 밑부
분은 원줄기를 감싼다. 잎자
루는 좁은 날개가 있고 위로
갈수록 짧아져 없어진다.

▲ 금잔화_ 잎

● **쓰임새** : 약용 및 관상용

● 꽃은 7~8월에 피고 붉은빛
이 도는 노란색 꽃이 가지
끝과 원줄기 끝에 1개씩 달
리며, 밤에는 오므라든다.

▲ 금잔화_ 꽃

08 기린초

- **성 상** : 여러해살이풀
- **이 명** : 혈산초
- **분 류** : 돌나물과(Crassulaceae)
- **학 명** : *Sedum kamtschaticum* Fisch. & Mey.
- **영문명** : Stonecrop
- **원산지** : 한국
- **꽃 말** : 소녀의 사랑

● **생태 :** 산지의 바위틈이나 돌밭 등 햇볕이 잘 드는 곳에서 자라며, 추위와 더위에 비교적 잘 견디나 습한 장소에서는 잘 자라지 못한다. 높이는 5~30㎝이며, 뿌리가 굵다. 잎은 거꾸로 넓은 달걀 모양이며 끝은 둥글고 가장자리에 약간 둔한 톱니가 있으며 줄기에 직접 어긋나게 달린다. 가는기린초와 비슷하지만 원줄기가 한군데에서 많이 나오고 잎이 짧으며 넓다.

▲ 기린초_ 꽃

● **쓰임새 :** 식용, 약용 및 관상용

● 꽃은 6~7월에 피며 원줄기 끝에 별 모양의 노란색 꽃이 5~7개 정도 뭉쳐서 달린다. 꽃잎은 5개이며 끝이 뾰족하고, 줄 모양의 꽃받침은 5개이며 녹색이다. 암술은 5개, 수술은 10개이다.

▼ 기린초_ 무리

09 섬기린초

- **성 상** : 여러해살이풀
- **이 명** : 울릉기린초
- **분 류** : 돌나물과(Crassulaceae)
- **학 명** : *Sedum takesimense* Nakai
- **원산지** : 한국(울릉도)
- **꽃 말** : 인내, 기다림

● **생태 :** 한국 특산종으로 경북 울릉도와 독도 등 해안의 바위에서 자란다. 높이가 50㎝에 달하며 기부 30㎝ 정도가 겨울 동안 살아남아 다음해 봄에 다시 싹이 나와서 자란다. 줄기는 옆으로 비스듬히 뻗고 피침형의 잎은 어긋나고, 양쪽 가장자리에 6~7쌍의 둔한 톱니가 있으며 표면은 황록색, 뒷면은 녹회색이다.

● **쓰임새 :** 관상용

● 꽃은 7~9월에 피고 20~30개의 노란색 꽃송이가 달린다. 꽃받침조각은 5개로 선형이며 길이 0.6~0.7㎝의 꽃잎은 5개이다. 10개의 수술은 황적색이고, 암술은 5개이며 황록색의 암술머리는 가늘고 길며 뾰족하다.

▲ 섬기린초_ 꽃봉오리와 잎

▲ 섬기린초_ 꽃

▲ 섬기린초_ 무리

10 기생초

- **성 상** : 한두해살이풀
- **이 명** : 춘자국, 사목국, 각씨꽃, 황금빈대꽃
- **분 류** : 국화과(Compositae)
- **학 명** : *Coreopsis tinctoria* Nutt.
- **영문명** : Calliopsis, Golden coreopsis
- **원산지** : 북아메리카
- **꽃 말** : 다정다감한 당신의 마음

▲ 기생초_ 무리

- **생태 :** 전국 각지의 길가에서 흔히 볼 수 있는 귀화식물로, 높이는 1m 정도까지 자라며 털이 없고 가지가 갈라진다. 잎은 마주나며 갈라지고 윗부분의 잎은 갈라지지 않는다.

- **쓰임새 :** 약용 및 관상용

▲ 기생초_ 꽃

- 꽃은 7~10월에 핀다. 노란색 꽃 가운데에 짙은 밤색의 무늬가 있어 기생이 치장한 것처럼 화사하다고 하여 '기생초', 뱀의 눈을 닮았다고 하여 '사목국'이라고도 한다.

11 깨꽃 (사루비아)

- **성 상 :** 여러해살이풀
- **이 명 :** 사르비아, 홍교두초, 불꽃, 샐비어
- **분 류 :** 꿀풀과(Labiatae)
- **학 명 :** *Salvia splendens* Ker-Gawl.
- **영문명 :** Scarlet Salvia
- **원산지 :** 브라질
- **꽃 말 :** 정력, 정조

● **생태 :** 높이는 60~90㎝이
고 원줄기는 사각형이며
곧게 서고 가지를 친다.
잎은 마주나고 긴 달걀 모
양으로 끝이 뾰족하다. 밑
부분은 넓으며 낮은 톱니
가 있고 흰 털이 난다.

▲ 깨꽃_ 잎

● **쓰임새 :** 약용 및 관상용

● 꽃은 5~10월에 피고 줄기
와 가지 끝에 붉은색 꽃이
달린다. 포, 꽃받침, 화관
이 환한 붉은색이며 수술
은 2개이다.

▲ 깨꽃_ 꽃

▲ 깨꽃_ 무리

12 꼬리풀

- **성 상** : 여러해살이풀
- **이 명** : 가는잎꼬리풀, 자주꼬리풀
- **분 류** : 현삼과(Scrophulariaceae)
- **학 명** : *Veronica linariaefolia* Pall.
- **영문명** : Speedwell
- **원산지** : 한국
- **꽃 말** : 달성, 순결한 연애관의 소유자

▲ 꼬리풀_ 잎

▲ 꼬리풀_ 꽃

● **생태 :** 산과 들의 풀밭에서 자라며, 높이는 40~70㎝ 정도이고 줄기는 곧게 서고 가지가 약간 갈라지며 위로 향한 굽은 털이 있다. 장타원형의 잎은 마주나고 끝은 길게 뾰족하며 뒷면 위에 굽은 털이 있고 윗부분에 톱니가 약간 있다. 흰 꽃이 피는 것을 흰꼬리풀(*V. l. for. alba*), 잎이 넓은 달걀 모양의 장타원형인 것을 큰꼬리풀(*V. l. var. dilatata*)이라고 한다.

● **쓰임새 :** 식용 및 약용

● 꽃은 7~8월에 피고 줄기 끝에 청자색의 꽃이 달리며, 꽃줄기의 길이는 10~30㎝로 짧고 굵은 털이 있다. 꽃받침은 4개로 깊게 갈라지며 가장자리에 털이 있다. 수술은 2개, 암술은 1개이다.

▲ 꼬리풀_ 무리

13 꽃범의꼬리

- **성 상** : 여러해살이풀
- **이 명** : 가용두화, 피소스테기아
- **분 류** : 꿀풀과(Lamiaceae)
- **학 명** : *Physostegia virginiana* L.
- **영문명** : Physostegia
- **원산지** : 북아메리카
- **꽃 말** : 추억, 열정

▲ 꽃범의꼬리_ 무리

- **생태** : 꽃이 피는 모습이 호
  랑이 꼬리처럼 길고 뾰족하
  게 보여서 붙여졌다. 배수가
  잘 되는 사질 토양에서 잘
  자라며 높이는 60~120㎝이
  고, 잎은 뾰족한 피침형이며
  가장자리에 톱니가 있다.

▲ 꽃범의꼬리_ 꽃

- **쓰임새** : 약용 및 관상용

- 7~9월에 입술 모양의 꽃이
  각 가지마다 아래로부터 하
  나씩 피기 시작하여 맨 위
  까지 촘촘히 피는데, 합치
  면 수백 송이이다. 꽃은 홍
  색, 보라색, 흰색 등 여러
  가지 색이 있다.

▲ 꽃범의꼬리_ 전초

14 꽃양귀비

- **성 상 :** 한해살이풀
- **이 명 :** 여춘화, 금피화
- **분 류 :** 양귀비과(Papaver)
- **학 명 :** *Papaver Rhoeas* L.
- **영문명 :** Corn poppy
- **꽃 말 :** 화려함, 감사, 허영, 위안

● **생태 :** 배수가 잘 되는 사
질토에서 잘 자라며, 높이
는 50~80㎝ 정도이고, 포
기 전체에 털이 있어 아편
양귀비와 구별된다.

● **쓰임새 :** 약용 및 관상용

● 꽃은 5~6월경에 꽃줄기
끝에 1송이씩 핀다. 꽃 색
은 분홍색, 붉은색, 자주
색, 노란색 등 다양하다.
방사상의 암술머리가 가
운데에 있으며 수술이 많
은 편이다.

▲ 꽃양귀비_ 꽃봉오리

▲ 꽃양귀비_ 꽃

▲ 꽃양귀비_ 무리

15 꽃향유

- **성　상** : 여러해살이풀
- **이　명** : 붉은향유
- **분　류** : 꿀풀과(Labiatae)
- **학　명** : *Elsholtzia splendens* Nakai
- **원산지** : 한국
- **꽃　말** : 가을의 향기

▲ 꽃향유_ 잎

▲ 꽃향유_ 꽃

● **생태** : 꽃에서 향기가 난다
해서 붙여진 이름이며, 건조
하고 메마른 자갈밭 등지에
서 자란다. 높이는 60㎝에
달하고 사각형의 원줄기는
뭉쳐나며 가지를 많이 치고,
굽은 흰색 털이 줄로 돋아나
있다. 달걀 모양의 잎은 마
주나고, 끝이 뾰족하며 가장
자리에 둔한 톱니가 있다.

● **쓰임새** : 식용 및 약용

▲ 꽃향유_ 무리

● 꽃은 9～10월에 피고 분홍
빛이 나는 자주색 꽃이 줄기 끝이나 가지 끝에 빽빽하게 한쪽으
로 치우쳐서 이삭으로 달리며 바로 밑에 잎이 있다. 수술은 4개
이고 그중 2개는 길다.

16 꿀풀

- 성 상 : 여러해살이풀
- 이 명 : 하고초, 연밀, 가지골나물
- 분 류 : 꿀풀과(Lamiaceae)
- 학 명 : *Prunella vulgaris* var. *lilacina* Nakai
- 영문명 : Self-Heal
- 원산지 : 한국
- 꽃 말 : 추억, 너를 위한 사랑

● **생태 :** 산기슭이나 들의 양지
바른 곳에서 자라며, 높이는
20~30㎝ 정도이다. 원줄기는
네모지고 전체에 짧은 흰색
털이 흩어져 난다. 잎은 마주
나고 긴 달걀 모양이며, 가장
자리가 밋밋하거나 톱니가 약
간 있다.

● **쓰임새 :** 식용(어린순) 및 약용
(꽃, 줄기, 잎), 차

● 꽃은 5~7월에 피고 줄기 끝
에 길이 3~8㎝의 원기둥 모
양의 꽃이 3개씩 달린다. 꽃은
양성화인데 수꽃이 퇴화된 꽃
은 크기가 작고 수술은 4개 중
2개가 길다. 흰색 꽃이 피는
것을 흰꿀풀, 붉은 꽃이 피는
것을 붉은꿀풀, 줄기가 밑에
서부터 곧추서고 기는줄기가
없으며 짧은 새순이 줄기 밑
에 달리는 것을 두메꿀풀이라
고 한다.

▲ 꿀풀_ 잎

▲ 꿀풀_ 꽃

▲ 꿀풀_ 무리

17 끈끈이대나물

- **성 상 :** 한두해살이풀
- **이 명 :** 세레네
- **분 류 :** 석죽과(Caryophyllaceae)
- **학 명 :** *Silene armeria* L.
- **영문명 :** Catchfly
- **원산지 :** 유럽
- **꽃 말 :** 청춘의 사랑

▲ 끈끈이대나물_ 무리

● **생태 :** 강가나 바닷가에서
주로 자라며, 높이는 50㎝
정도이다. 식물 전체가 분
을 뒤집어쓴 것처럼 흰색이
나고 털은 없다. 줄기 윗부
분의 마디 밑에서 점액을
분비한다. 잎은 마주나며
달걀 모양 또는 넓은 피침
형이고 끝이 뾰족하며 길이
는 3~4.5㎝ 정도이다.

▲ 끈끈이대나물_ 잎

● **쓰임새 :** 약용 및 관상용

● 꽃은 6~8월에 피고, 원줄
기 끝부분에서 많은 가지가
갈라져 끝에 지름 1㎝ 정도
의 홍색 또는 흰색 꽃이 모

▲ 끈끈이대나물_ 꽃

여 달린다. 꽃잎은 5개로 수평으로 퍼져 피며 꽃받침은 5개로
갈라진다. 10개의 수술과 3개의 암술대가 있다.

18 낮달맞이꽃

- **성 상** : 여러해살이풀
- **이 명** : 꽃달맞이꽃, 하늘달맞이꽃
- **분 류** : 바늘꽃과(Onagraceae)
- **학 명** : *Oenothera speciesa* Nutt.
- **영문명** : Mexican evening primerose
- **원산지** : 미국, 멕시코, 칠레
- **꽃 말** : 무언의 사랑

● **생태 :** 물가나 공터에서 자라며, 다른 종류의 달맞이꽃은 곧게 자라는 데 비해 분홍색의 낮달맞이꽃은 땅속줄기를 옆으로 뻗으며 자란다. 높이는 약 20㎝ 정도이다. 밤에 피는 달맞이꽃과는 다르게 낮에 꽃이 피고 저녁에 시들어서 낮달맞이꽃이라 한다.

● **쓰임새 :** 식용 및 약용

● 꽃은 6~9월에 분홍색 또는 노란색의 꽃이 피며, 4장의 꽃잎에는 붉은 실핏줄 같은 맥이 있고 수술은 8개, 1개의 암술은 4갈래로 갈라져 있다.

▲ 낮달맞이꽃_ 줄기와 잎

▲ 낮달맞이꽃_ 꽃

▲ 낮달맞이꽃_ 무리

19 노랑꽃창포

- 성 상 : 여러해살이풀
- 분 류 : 붓꽃과(Iridaceae)
- 학 명 : *Iris pseudoacorus* L.
- 영문명 : Yellow Iris, Water Flag
- 원산지 : 유럽
- 꽃 말 : 우아한 마음

● **생태** : 노란 꽃이 피는 꽃창
포란 뜻이며, 연못가나 습
지에 잘 자란다. 전체 높이
는 60~120㎝ 정도로 털이
없고 곧추서며, 1~3개의
줄기잎이 있다. 칼 모양의
잎은 길이가 20~60㎝, 폭
은 2~3㎝로 2줄로 늘어서
있다.

▲ 노랑꽃창포_ 꽃

● **쓰임새** : 관상용

● 꽃은 5월에 피고 황색이며
꽃 밑에 2개의 큰 포가 있
다. 제일 바깥쪽에 붙어 있
는 3장의 꽃잎(외화피)은 밑
부분이 좁아지는 넓은 달걀
모양이며 밑으로 늘어지고,
중심 부분의 꽃잎(내화피)은
3장이고 긴 타원형으로서

▲ 노랑꽃창포_ 전초

곧추서 있다. 암술대는 좁은 기부가 넓어져 3개로 갈라지며, 각
각의 갈래가 다시 2개로 갈라지며 갈라진 조각에는 뾰족한 톱
니가 있다. 3개의 수술은 암술대가 갈라진 밑부분에 붙어 있다.

20 다알리아

- 성 상 : 여러해살이풀
- 분 류 : 국화과(Compositae)
- 학 명 : *Dahlia pinnata* Cav.
- 영문명 : Dahlia
- 원산지 : 멕시코
- 꽃 말 : 화려, 정열, 감사

● **생태 :** 줄기는 원기둥 모양이고 털이 없으며, 높이는 1.5~2m이고 뿌리로 번식한다. 잎은 마주나고 달걀 모양이며 가장자리에 톱니가 있다. 잎 표면은 짙은 녹색이고 뒷면은 흰빛이 돈다.

● **쓰임새 :** 관상용

● 꽃은 7월부터 서리가 내릴 때까지 피며, 열매는 10월에 익는다. 꽃 지름은 5~7.5㎝이고 줄기와 가지 끝에 두상화가 1개씩 옆을 향해 달린다. 꽃 색깔은 흰색, 노란색, 붉은색 등 여러 가지이다. 세계 각국에서 원예용으로 재배하며 300여 종의 품종이 있다.

▲ 다알리아_ 잎

▲ 다알리아_ 꽃

▲ 다알리아_ 무리(노란색)

21 당아욱

- **성 상** : 두해살이풀
- **이 명** : 금규(錦葵), 당아옥
- **분 류** : 아욱과(Malvaceae)
- **학 명** : *Malva sylvestris* var. *mauritiana* Boiss.
- **영문명** : Mallow flowers
- **원산지** : 아시아
- **꽃 말** : 어머니의 사랑, 자애

▲ 당아욱_ 잎

▲ 당아욱_ 꽃

● **생태 :** 바닷가에서 자라며, 높이는 60～90㎝이고 줄기에는 털이 거의 없다. 잎은 손바닥 모양으로 어긋나고 5～9개로 얕게 갈라지며 가장자리에 작은 톱니가 있다.

● **쓰임새 :** 약용 및 관상용

● 꽃은 5～6월에 작은꽃자루가 있는 2～5㎝ 크기의 꽃이 밑에서부터 피어 올라간다. 꽃잎은 5개로 연한 자줏빛 바탕에 짙은 자줏빛 맥이 있

▲ 당아욱_ 무리

으며, 꽃받침은 녹색이고 5개로 갈라진다. 여러 개의 수술대가 한데 뭉쳐 있으며 암술은 실처럼 가늘고 많다. 심피는 바퀴 모양으로 배열하고 꽃받침에 싸여 있다.

22 데이지

- **성 상** : 여러해살이풀
- **이 명** : 하루의 눈
- **분 류** : 국화과(Compositae)
- **학 명** : *Bellis perennis* L.
- **영문명** : English daisy
- **원산지** : 유럽
- **꽃 말** : 겸손한 아름다움, 순수함

● **생태 :** 물 빠짐이 좋은 사
질토에서 잘 자라며, 높이
는 1m 정도이고 수렴 같
은 뿌리가 사방으로 퍼진
다. 잎은 뿌리에서 나오고
숟가락 모양이며, 가장자
리는 밋밋하거나 약간의
톱니가 있다.

▲ 데이지_ 꽃

● **쓰임새 :** 약용 및 관상용

● 꽃은 봄부터 가을까지 피고 뿌리에서 꽃자루가 나와 그 끝에 1개
의 꽃이 달리며 밤에는 오므라든다. 꽃은 흰색이며 꽃의 중심부
는 노란색이다.

▲ 데이지_ 무리

23 도라지

- **성 상** : 여러해살이풀
- **분 류** : 초롱꽃과(Campanulaceae)
- **학 명** : *Platycodon grandiflorum* (Jacq.) A. DC.
- **영문명** : Ballon Flower, Chinese Bellflower
- **원산지** : 한국
- **꽃 말** : 성실, 품위

▲ 도라지_ 무리

● **생태 :** 산과 들에서 자라며, 높이는 40~100㎝이다. 뿌리가 굵고, 줄기는 곧게 자라는데 가늘고 속이 비어 있으며 자르면 흰색의 유액이 나온다. 잎은 긴 달걀 모양으로 끝이 뾰족하고 표면은 녹색, 뒷면은 회청색이며 가장자리에 예리한 톱니가 있다.

● **쓰임새 :** 식용, 약용 및 관상용

● 꽃은 7~8월에 피고 원줄기 끝에 1개 또는 여러 개의 보라색 또는 흰색 꽃이 위를 향해 달린다. 꽃받침은 5개로 갈라지고, 5개의 수술과 1개의 암술이 있으며 암술대는 끝이 5개로 갈라진다.

▲ 도라지_ 줄기와 잎

▲ 도라지_ 꽃

24 돌나물

- 성 상 : 여러해살이풀
- 이 명 : 돈나물
- 분 류 : 돌나물과(Crassulaceae)
- 학 명 : *Sedum sarmentosum* Bunge
- 영문명 : Carpet sedum
- 원산지 : 한국
- 꽃 말 : 근면

● **생태:** 돌 위에 있는 채소란 뜻으로 양지바른 들판이나 풀밭 또는 바위틈에서 자란다. 높이는 15㎝ 정도이며, 줄기는 땅 위로 뻗고 밑에서 가지가 갈라져서 지면으로 뻗으며 마디에서 뿌리가 내린다. 잎은 잎자루가 없는 긴 타원형이며 보통 3개씩 돌아가면서 원줄기에 달리고 가장자리가 밋밋하다. 어린 줄기와 잎은 김치를 담가 먹고 연한순은 나물로 무쳐 먹는다.

● **쓰임새:** 식용 및 관상용

▲ 돌나물_ 줄기와 잎

▲ 돌나물_ 꽃

● 꽃은 5~6월에 피고 0.6~1㎝ 크기의 노란색 꽃이 줄기 윗부분에 많이 달린다. 수술은 10개다.

▲ 돌나물_ 무리

25 땅콩

- **성 상** : 한해살이풀
- **이 명** : 왜콩, 낙화생
- **분 류** : 콩과(Leguminosae)
- **학 명** : *Arachis hypogaea* L.
- **영문명** : Peanut
- **원산지** : 남아메리카
- **꽃 말** : 단순, 편안

● **생태**: 높이는 60㎝ 정도 자라며, 원줄기는 밑부분에서 갈라져 옆으로 비스듬히 자라므로 사방으로 퍼지고 전체에 털이 있다. 잎은 어긋나고, 달걀 모양의 작은잎은 4개로 끝이 둥글며 짧은 돌기가 있고 턱잎은 크며 끝이 길게 뾰족해진다.

● **쓰임새**: 식용

● 꽃은 7~9월에 피고 잎겨드랑이에 노란색 꽃이 1개씩 달린다. 나비 모양의 꽃대처럼 보이는 꽃받침통 끝에 꽃받침잎, 꽃잎 및 수술이 달린다. 꽃받침통 안에 1개의 자방이 있으며 실 같은 암술대가 밖으로 나오고 수정되면 자방 밑부분이 길게 자라서 땅속으로 들어간다.

▲ 땅콩_ 잎

▲ 땅콩_ 꽃

▲ 땅콩_ 무리

26 리아트리스

- **성 상** : 여러해살이풀
- **분 류** : 국화과(Compositae)
- **학 명** : *Liatris spicata* L.
- **영문명** : Blazing star, Gay feather
- **원산지** : 북아메리카
- **꽃 말** : 고결

▲ 리아트리스_ 무리

● **생태 :** 덩이줄기에서 많은
줄기가 나오고 줄기는 가지
를 치지 않고 곧게 1m 정도
자라며 가는 잎이 방사상으
로 난다.

● **쓰임새 :** 약용 및 관상용

● 꽃은 6~7월에 피고 3~8개
의 작은 보라색 꽃이 위쪽
에서 아래로 내려오면서 모
여서 달린다.

▲ 리아트리스_ 잎

▲ 리아트리스_ 꽃

27 맨드라미

- 성 상 : 한해살이풀
- 이 명 : 계관, 계두
- 분 류 : 비름과(Amaranthaceae)
- 학 명 : *Celosia cristata* L.
- 영문명 : Cockscomb
- 원산지 : 인도
- 꽃 말 : 열정, 시들지 않는 사랑

● **생태 :** 높이는 90㎝ 정도 자
라며, 줄기는 곧게 자라고
털이 없으며 붉은빛이 돈다.
달걀 모양의 잎은 어긋나고
끝이 뾰족하며 가장자리가
밋밋하다.

● **쓰임새 :** 약용 및 관상용

● 꽃은 7~8월에 피고 원줄기
끝에 수탉의 볏처럼 생긴 꽃
이 달린다. 대가 없는 잔꽃이
빽빽이 모여 나며 붉은색 꽃
이 많지만 품종에 따라 흰색,
홍색, 황색 등으로 색깔이 다
양하다. 수술은 5개로 꽃받
침보다 길고, 암술은 1개이
며 긴 암술대가 있다.

▲ 맨드라미_ 잎

▲ 맨드라미_ 꽃

▲ 맨드라미_ 무리

28 메꽃

- 성 상 : 여러해살이풀
- 이 명 : 메, 좁은잎메꽃, 가는잎메꽃, 가는메꽃
- 분 류 : 메꽃과(Convolvulaceae)
- 학 명 : *Calystegia sepium* var. *japonicum* (Choisy) Makino
- 원산지 : 한국
- 꽃 말 : 속박, 충성, 수줍음

- **생태 :** 햇볕이 잘 드는 초원이나 들에서 자라며, 높이는 5∼10㎝ 정도의 덩굴성 식물이다. 땅속의 흰색 뿌리줄기가 사방으로 길게 뻗으며 군데군데에서 순이 나와 엉킨다. 잎은 어긋나며 긴 타원형이고 잎자루가 길며 잎밑이 귀모양이다.

▲ 메꽃_ 꽃

- **쓰임새 :** 약용 및 관상용

- 꽃은 6∼8월에 피고 잎겨드랑이에서 긴 꽃줄기가 나와 자루 끝에 큰 꽃이 달린다. 꽃은 엷은 홍색으로 깔때기 모양이며 길이는 5∼6㎝, 폭은 약 5㎝이다. 5개의 수술과 1개의 암술이 있다.

▲ 메꽃_ 꽃봉오리와 꽃

29 메밀

- **성 상 :** 한해살이풀
- **이 명 :** 뫼밀, 매물
- **분 류 :** 마디풀과(Polygonaceae)
- **학 명 :** *Fagopyrum esculentum* Moench
- **영문명 :** Buckwheat
- **원산지 :** 중앙아시아
- **꽃 말 :** 연인

▲ 메밀_ 무리

● **생태** : 높이는 40~70㎝ 정도 자라고, 줄기는 가지가 갈라지고 속이 비어 있으며 연한 녹색이지만 붉은빛이 돈다. 잎은 약간 길쭉한 하트 모양으로 원줄기 아래쪽의 1~3마디는 마주나지만 그 위의 마디에서는 어긋난다. 전분은 국수의 원료로 이용되며, 중요한 밀원식물이다.

▲ 메밀_ 잎

● **쓰임새** : 식용 및 관상용

● 꽃은 7~8월에 피고 잎겨드랑이와 가지 끝에서 흰색의 꽃이 총상화서로 달리는데 꽃잎은 없고 꽃잎으로 보이는 꽃

▲ 메밀_ 꽃

받침이 5개로 갈라진다. 꽃에는 꿀이 있어 달콤한 향기가 난다.

목화

- **성 상 :** 한해살이풀
- **이 명 :** 면화, 초면
- **분 류 :** 아욱과(Malvaceae)
- **학 명 :** *Gossypium indicum* Lam.
- **영문명 :** Cotton plant
- **원산지 :** 동아시아
- **꽃 말 :** 어머니의 사랑

● **생태** : 열대지방이 원산지이나 섬유작물로서 온대지방에서도 널리 재배한다. 줄기는 60㎝에 달하고 곧게 자라며 가지가 다소 갈라진다. 잎은 어긋나고 3~5개가 손바닥 모양으로 갈라진다. 종자를 덮고 있는 털은 솜으로 사용하며 종자는 기름을 짠다.

▲ 목화_ 꽃

● **쓰임새** : 섬유용, 약용 및 관상용

● 꽃은 8~9월에 피고 꽃자루 끝에 흰색 또는 노란색 꽃이 1개씩 달린다. 꽃은 세모 모양의 계란형으로, 필 때는 엷은 미색이지만 하루 지나면 자줏빛이 돈다. 1개의 암술과 많은 수술이 있다.

▲ 목화_ 꽃(자주색)

▲ 목화_ 무리

31 미모사(잠풀)

- **성 상 :** 한해살이풀
- **이 명 :** 신경초, 잠풀이, 함수초
- **분 류 :** 콩과(Leguminosae)
- **학 명 :** *Mimosa pudica* L.
- **영문명 :** Sensitive plant
- **원산지 :** 브라질
- **꽃 말 :** 예민, 섬세

▲ 미모사_ 무리

- **생태 :** 높이는 30㎝ 정도 자라며, 식물 전체에 잔털과 가시가 있다. 잎은 어긋나고 긴 잎자루가 있으며 4장의 겹잎이 손바닥 모양으로 배열한다. 잎을 건드리면 밑으로 처지고 작은잎이 오므라들어 시든 것처럼 보이며, 밤에도 잎이 처지고 오므라든다. 한방에서는 뿌리를 제외한 식물체 전부를 '함수초'라 하여 약재로 이용한다.

- **쓰임새 :** 관상용

- 꽃은 7~8월에 피고 꽃대 끝에 연한 붉은색 꽃이 모여서 달린다. 꽃받침은 뚜렷하지 않으며, 꽃잎은 4개로 갈라진다. 수술은 4개이고 길게 밖으로 나오며, 암술은 1개이고 암술대는 실 모양이며 길다.

▲ 미모사_ 잎

▲ 미모사_ 꽃

32 민들레

- 성 상 : 여러해살이풀
- 이 명 : 앉은뱅이
- 분 류 : 국화과(Compositae)
- 학 명 : *Taraxacum platycarpum* Dahlst.
- 영문명 : Dandleion
- 원산지 : 한국
- 꽃 말 : 사랑의 신

▲ 민들레_ 꽃

● **생태 :** 산과 들의 양지에서 자라며, 높이는 30㎝ 정도 자라지만 원줄기가 없이 잎이 둥글게 옆으로 퍼지며 대개 땅에 누워서 자란다. 잎은 선형이며 무 잎처럼 깊게 갈라지고 털이 약간 있으며 가장자리에 톱니가 있다. 우리나라 자생 민들레는 꽃받침이 그대로 있지만 서양민들레(*T. officinale Weber*)는 꽃받침이 아래로 처져 있다.

● **쓰임새 :** 식용, 약용 및 관상용

● 꽃은 4~5월에 피고 잎보다 짧은 꽃자루 끝에 노란색 꽃이 1개씩 달린다. 꽃이 필 때에는 흰 털이 있으나 나중에는 거의 없어지고 꽃차례 밑에만 흰 털이 남는다. 꽃은 혓바닥 모양이고 5개의 톱니가 있으며, 수술은 5개이다.

▲ 민들레_ 전초

▲ 민들레_ 무리

33 밀짚꽃 (종이꽃)

- **성 상**: 두해살이풀
- **이 명**: 종이꽃, 바스라기, 회뫼간사시
- **분 류**: 국화과(Compositae)
- **학 명**: *Helichrysum bracteatum* Willd.
- **영문명**: Strawflower
- **원산지**: 호주
- **꽃 말**: 영원한 사랑

● **생태 :** 만지면 종이가 바스락거리는 듯한 소리가 나서 바스라기라고도 한다. 높이는 60~90㎝ 정도이며 가지가 많이 갈라지고 털이 없다. 잎은 어긋나고 밑부분의 잎은 달걀을 거꾸로 세운 모양의 긴 타원형이고, 중간에 달린 잎

▲ 밀짚꽃_ 꽃

은 긴 타원 모양의 피침형이고 가장자리가 밋밋하다.

● **쓰임새 :** 식용, 약용 및 관상용

● 꽃은 6~9월에 피고 가지 끝에 1개씩 달리며 초를 칠한 파라핀 종이처럼 반짝거린다. 꽃의 색은 흰색, 노란색, 오렌지색, 진홍색, 주황색, 분홍색 등 다양하다.

▲ 밀짚꽃_ 무리

34 바늘꽃

- 성 상 : 여러해살이풀
- 이 명 : 심담초
- 분 류 : 바늘꽃과(Onagraceae)
- 학 명 : *Epilobium pyrricholophum* Franch. & Sav.
- 영문명 : Fireweed
- 원산지 : 한국
- 꽃 말 : 청초

● **생태**: 꽃이 진 후의 씨방이 바늘처럼 가늘고 길게 생겨서 붙은 이름이다. 햇볕이 드는 물가에서 자라며, 높이는 약 30~90㎝이고 지하 뿌리에서 원줄기가 나와 곧게 자라며 밑부분에 굽은 잔털이 있다. 잎은 마주나며 달걀 모양이고 가장자리에는 불규칙한 톱니가 있으며 가을에는 붉게 단풍이 든다.

▲ 바늘꽃_ 잎과 줄기

● **쓰임새**: 약용 및 관상용

● 꽃은 7~8월에 피고 연한 자줏빛 꽃이 원줄기 끝에 달린다. 꽃받침과 꽃잎은 4개이고, 열매는 길고 좁은 삭과이며, 4조각

▲ 바늘꽃_ 꽃

으로 갈라져서 흰빛의 긴 털이 달린 씨를 퍼뜨린다. 수술은 8개이며, 원기둥 모양의 암술은 1개이다.

▲ 바늘꽃_ 무리

35 박하

- **성 상** : 여러해살이풀
- **이 명** : 털박하, 재배종 박하
- **분 류** : 꿀풀과(Labiatae)
- **학 명** : *Mentha piperascens* (Malinv.) Holmes
- **영문명** : Japanese Mint
- **원산지** : 한국
- **꽃 말** : 순진한 마음, 미덕

▲ 박하_ 무리

● **생태 :** 뜰이나 습지에서 자라
며, 높이는 50㎝에 달하고 털
이 있다. 짙은 녹색의 잎은 마
주나며 긴 타원형이고 가장자
리는 톱니 모양이다. 잎과 줄
기의 표면에는 잔털이 듬성듬
성 달려 있다. 잎에서 박하유
를 추출한다.

▲ 박하_ 잎

● **쓰임새 :** 멘톨이 함유된 박하의
향은 차, 아이스크림, 과자,
껌, 치약 등에 이용되며, 박하
에서 얻은 기름은 샴푸와 비누
등에 사용한다.

▲ 박하_ 꽃

● 꽃은 7~9월에 피며 0.6~0.8㎝
길이의 연한 자주색 꽃이 이삭 모양으로 피어 공 모양을 이룬다.
수술은 4개이고 1개의 암술은 끝이 2개로 갈라진다.

36 방풍

- 성 상 : 여러해살이풀
- 분 류 : 미나리과(Apiaceae) 또는 산형과(Umbelliferae)
- 학 명 : *Ledebouriella seseloides* (Hoffm.) H. Wolff
- 원산지 : 한국
- 꽃 말 : 기다림

● **생태 :** 높이는 60~100㎝이고 줄기의 지름은 1.5㎝로 굵으며 담록색을 띤다. 짙은 자주색의 세로 줄무늬가 있고 가지가 많으며 전체에 털이 없다. 잎은 어긋나고 표면은 짙은 녹색, 뒷면은 녹색을 띠며 육질이 두껍고 광택이 있다.

▲ 방풍_ 잎

● **쓰임새 :** 식용, 약용 및 관상용

● 6~7월에 흰색의 꽃이 가지와 줄기 끝에 많이 달린다. 여러 개의 작은 꽃들이 우산살처럼 다발이 되어 산형으로 달리며, 이들이 다시 방사상으로 모여 복산형 꽃차례를 이룬다. 꽃받침, 꽃잎 및 수술은 각 5개씩이다.

▲ 방풍_ 꽃

▲ 방풍_ 무리

37 배초향

- **성 상** : 여러해살이풀
- **이 명** : 방아, 방애, 방아풀
- **분 류** : 꿀풀과(Labiatae)
- **학 명** : *Agastache rugosa* (Fisch. & Mey.) Kuntze
- **영문명** : Korean mint
- **원산지** : 한국
- **꽃 말** : 향수, 정화

▲ 배초향_ 무리

● **생태 :** 햇볕이 잘 드는 산과 들에서 자라며, 높이는 40~100cm이고 윗부분에서 가지가 갈라진다. 풀 전체에서 특유의 향기가 진하게 난다. 잎은 마주나고 달걀 모양이며 끝이 길게 뾰족하고 가장자리에 톱니가 있으며 잎 표면에는 털이 없고 뒷면에 약간의 털이 난다. 경상도 지역에서는 잎으로 떡이나 전을 해서 먹는다.

● **쓰임새 :** 식용, 약용 및 관상용

● 꽃은 7~9월에 피며 가지와 원줄기 끝에 연한 자주색 꽃이 빽빽하게 우산 모양으로 달린다. 수술은 4개이며 그중 2개가 길게 꽃 밖으로 나온다.

▲ 배초향_ 잎

▲ 배초향_ 꽃

38 백일홍

- **성 상** : 한해살이풀
- **이 명** : 백일초
- **분 류** : 국화과(Compositae)
- **학 명** : *Zinnia elegans* Jacq.
- **영문명** : Zinnia
- **원산지** : 멕시코
- **꽃 말** : 인연, 행복, 순결

● **생태 :** 높이는 60~90㎝ 정도이며, 잎은 마주나고 달걀 모양이고 끝이 뾰족하며 잎자루는 없고 가장자리는 밋밋하며 털이 나서 거칠다. 꽃이 100일 동안 붉게 핀다는 의미로 백일초라고도 부른다. 배롱나무의 꽃을 백일홍이라고도 하는데, 이것은 다른 식물이다.

▲ 백일홍_ 꽃

● **쓰임새 :** 약용 및 관상용

● 꽃은 6~10월에 피며 줄기 끝에 1개씩 달린다. 꽃은 본래 자주색 또는 포도색이었으나 육성 품종에는 녹색과 하늘색을 제외한 여러 가지 색이 있다.

▲ 백일홍_ 전초

▲ 백일홍_ 무리

39 벌개미취

- 성　상 : 여러해살이풀
- 이　명 : 고려쑥부쟁이
- 분　류 : 국화과(Compositae)
- 학　명 : *Aster koraiensis* Nakai
- 영문명 : Korean starwort
- 원산지 : 한국
- 꽃　말 : 추억, 숨겨진 사랑

● **생태**: 햇볕이 잘 들고 습기가 충분한 계곡에서 잘 자라며, 높이는 50~60㎝이고 옆으로 뻗는 뿌리줄기에서 원줄기가 곧게 자라며 파진 홈과 줄이 있다. 줄기에 달린 잎은 어긋나고 양 끝이 뾰족하며 가장자리에 잔 톱니가 있고 위로 올라갈수록 점차 작아져서 줄 모양이 된다.

▲ 벌개미취_ 꽃

● **쓰임새**: 식용 및 약용

● 연한 자주색 꽃이 6~10월에 피며 지름은 4~5㎝로 가지 끝과 원줄기 끝에 1개씩 달린다.

▼ 벌개미취_ 무리

40 봉선화

- **성 상** : 한해살이풀
- **이 명** : 봉숭아
- **분 류** : 봉선화과(Balsaminaceae)
- **학 명** : *Impatiens balsamina* L.
- **영문명** : Garden balsam
- **원산지** : 동남아시아
- **꽃 말** : 경멸, 신경질

▲ 봉선화_ 잎

▲ 봉선화_ 꽃

● **생태 :** 꽃의 생김새가 마치 봉황을 닮아 봉선화라고 부른다. 햇볕이 드는 곳에서 잘 자라며, 높이는 60㎝에 달한다. 줄기는 털이 없으며 굵고 곧게 자란다. 잎은 어긋나고 폭이 좁은 타원형이며 가장자리에 톱니가 있다.

● **쓰임새 :** 약용 및 관상용

● 꽃은 7~8월에 피며 잎겨드랑이에서 나온 긴 줄기 끝에 2~3개씩 달린다. 꽃 색은 붉은색, 흰색, 노란색, 분홍색 등 다양하며, 수술은 5개이고 꽃밥이 서로 연결되어 있다.

▲ 봉선화_ 무리

41 부처꽃

- **성 상** : 여러해살이풀
- **이 명** : 천굴채, 두렁꽃
- **분 류** : 부처꽃과(Lythraceae)
- **학 명** : *Lythrum anceps* (Koehne) Makino
- **영문명** : Loosestrife
- **원산지** : 한국
- **꽃 말** : 비연, 슬픈 사랑

● **생태 :** 산과 들의 습지에서 무리 지어 피는 여름 꽃으로 우리나라 전국에서 볼 수 있다. 원줄기는 네모지고 곧게 약 1m가량 자라며 흰 털이 있고 가지가 많이 갈라진다. 잎은 마주나고 끝은 뾰족하며 가장자리가 밋밋하다. 음력 7월 15일 백중날 부처님께 이 꽃을 바친 데서 이름이 유래하였다.

▲ 부처꽃_ 꽃

● **쓰임새 :** 약용 및 관상용

● 꽃은 7~8월에 피며 잎겨드랑이에 홍자색 꽃이 3~5개 달린다. 꽃이 줄기를 따라 올라가면서 피어서 층층이 달린 것같이 보인다. 수술은 12개로서 그중

▲ 부처꽃_ 전초

6개는 길다. 수술과 암술의 길고 짧음에 따라 3가지의 꽃 모양이 생긴다.

42 부추

- **성 상 :** 여러해살이풀
- **이 명 :** 정구지, 솔
- **분 류 :** 백합과(Liliaceae)
- **학 명 :** *Allium tuberosum* Rottler ex Spreng.
- **영문명 :** Chinese chive
- **원산지 :** 한국
- **꽃 말 :** 무한한 슬픔

▲ 부추_ 무리

● **생태 :** 잎은 선형으로 좌우로 양측에 나며 납작하고 육질은 연하고 끝은 둥글고 녹색을 띤다. 예부터 우리나라에서는 부추를 먹으면 몸이 따뜻해져 감기에 잘 걸리지 않는다고 전해지며, 일부 지방에서는 '기양초'라 하여 강장제로 이용한다. 사찰에서 요리에 사용하지 않는 오신채(부추, 달래, 마늘, 파, 무릇) 중의 하나이다.

▲ 부추_ 꽃

● **쓰임새 :** 식용 및 약용

▲ 부추_ 전초

● 꽃은 7~8월에 잎 사이에서 높이 30~50㎝ 정도의 꽃대가 곧게 서서 자라고 그 끝에 반구형의 흰색 꽃 여러 개가 모여 핀다. 꽃잎은 좁고 긴 타원형으로 끝이 뾰족하며, 수술은 6개이고 꽃잎보다 짧다.

43 두메부추

- **성 상 :** 여러해살이풀
- **이 명 :** 설령파, 두메달래
- **분 류 :** 백합과(Liliaceae)
- **학 명 :** *Allium senescens* L.
- **영문명 :** Aging Onion
- **원산지 :** 한국
- **꽃 말 :** 좋은 추억

● **생태** : 잎은 뿌리에서 많이 나오고 높이는 20~30㎝로 선형이며 살찐 부추잎 같다. 비늘줄기는 달걀 모양의 타원형이고, 겉껍질이 얇은 막질로 싸여 있으며 섬유가 없다.

▲ 두메부추_ 꽃

● **쓰임새** : 식용 및 약용

● 꽃은 8~9월에 피고 홍자색 꽃이 우산형으로 많이 달린다. 단면은 렌즈형에 가깝고 양끝에 좁은 날개가 있다. 수술대는 밑부분이 넓지만 톱니가 없고 수술은 꽃잎보다 길거나 비슷하다.

▲ 두메부추_ 무리

44 분꽃

- **성 상** : 한해살이풀
- **이 명** : 분화, 자미리, 자화분, 초미리
- **분 류** : 분꽃과(Nyctaginaceae)
- **학 명** : *Mirabilis jalapa* L.
- **영문명** : Four o' clocks flowers
- **원산지** : 남아메리카
- **꽃 말** : 수줍음, 소심

▲ 분꽃_ 무리

● **생태 :** 줄기는 60~100㎝ 정
도 자라며 가지가 많이 갈
라진다. 잎은 마주나며 달
걀 모양이고 끝이 뾰족하
다. 씨앗의 배젖이 분가루
같다는 데서 이름이 유래하
였다.

▲ 분꽃_ 줄기와 잎

● **쓰임새 :** 약용 및 관상용

● 6~10월에 꽃이 피며 분홍
색, 노란색, 흰색 등으로 색
이 다양하며, 해질 무렵부
터 아침까지 피는데 향기가
좋다. 5개의 수술과 1개의
긴 암술은 꽃 밖으로 나와
있다.

▲ 분꽃_ 꽃

45 붓꽃

- 성 상 : 여러해살이풀
- 분 류 : 붓꽃과(Iridaceae)
- 학 명 : *Iris sanguinea* Donn ex Horn
- 영문명 : Iris
- 원산지 : 한국
- 꽃 말 : 존경, 신비한 사람

● **생태 :** 산과 들의 양지바르고 습기가 많은 장소에서 자라며, 높이는 30~60㎝이고, 잎은 선형으로 곧게 서고 끝은 뾰족하며 줄기에 2줄로 붙어 올라간다.

● **쓰임새 :** 약용 및 관상용

● 꽃은 5~6월에 피고 줄기 끝에 자주색 꽃 2~3개가 차례로 달린다. 꽃잎은 6장이며, 이중 3장은 옆으로 펼쳐지고 한가운데 노란 털이 길게 나 있으며 나머지 3장은 작고 주걱 모양으로 곧게 서 있다.

▲ 붓꽃_ 꽃

▲ 붓꽃_ 전초

▲ 붓꽃_ 무리

46 흰붓꽃

- **성 상** : 여러해살이풀
- **분 류** : 붓꽃과(Iridaceae)
- **학 명** : *Iris sanguinea* for. *albiflora* Y. N. Lee
- **원산지** : 한국

● **생태 :** 산과 들에서 자
라며 높이는 30～60㎝
이고, 잎은 창 모양의
피침형으로 곧게 서고
뿌리 부근에서 2줄로
배열한다.

● **쓰임새 :** 관상용

▲ 흰붓꽃_ 꽃

● 꽃은 5～6월에 흰색으
로 피며, 외화피의 바
깥쪽은 흰색이나 안쪽은 노란색을 띤다. 내화피는 곧게 선다.
꽃잎처럼 생긴 암술은 3갈래로 갈라졌으며, 수술은 노란색으로
암술 뒤에 있다.

▼ 흰붓꽃_ 무리

47 사상자

- **성 상** : 두해살이풀
- **이 명** : 뱀도랏, 진들개미나리
- **분 류** : 산형과(Umbelliferae)
- **학 명** : *Torilis japonica* (Houtt.) DC.
- **원산지** : 한국

▲ 사상자_ 무리

● **생태 :** 사상자란 이름은 살모사
가 이 풀 아래에 눕기를 좋아하
고 그 씨앗을 먹는다 하여 뱀의
침대(蛇床)라는 뜻에서 유래하
였다. 풀밭에서 자라며, 줄기는
곧게 서고 높이는 30~70㎝이
다. 윗부분에서 곁가지가 나오
고 전체에 짧은 털이 있다. 잎은
어긋나고 달걀 모양의 작은잎이
3장 나오며 뾰족한 톱니가 있고
녹색이다.

▲ 사상자_ 꽃

● **쓰임새 :** 식용, 약용 및 관상용

● 꽃은 6~8월에 피며 가지와 줄기
끝에 흰색의 꽃이 달린다. 작은
꽃가지는 5~9개 정도이며 6~
20개의 작은 꽃들이 달린다.

▲ 사상자_ 전초

48 설악초

- **성 상 :** 한해살이풀
- **이 명 :** 야광초, 빙하, 유포르비아, 귀신초
- **분 류 :** 대극과(Euphorbiaceae)
- **학 명 :** *Euphorbia marginata* Pursh
- **영문명 :** Ghost-weed, Snow on the mountain flower
- **원산지 :** 미국
- **꽃 말 :** 환영, 축복, 박애

▲ 설악초_ 꽃봉오리　　　　　　▲ 설악초_ 꽃

- **생태 :** 높이는 60㎝에 이르고, 줄기 위쪽에 달린 잎은 타원형으로 녹회색이며 가장자리가 흰색 테두리를 친 듯 하얗다. 꽃과 잎 전체가 산에 눈이 내린 것처럼 하얗다고 하여 설악초라 한다.

- **쓰임새 :** 약용 및 관상용

- 꽃은 7~8월에 피며 흰색의 꽃잎은 4장이고, 암술은 3개이며 끝이 2개로 갈라지고, 수술은 많다.

▲ 설악초_ 무리

49 섬초롱꽃

- **성 상** : 여러해살이풀
- **이 명** : 산소채, 풍령초, 섬풍령초
- **분 류** : 초롱꽃과(Campanulaceae)
- **학 명** : *Campanula takesimana* Nakai
- **영문명** : Korean bellflower
- **원산지** : 한국(울릉도)
- **꽃 말** : 충실, 정의

▲ 섬초롱꽃_ 무리

● **생태 :** 한국 특산종으로 울릉도의 바닷가 풀밭에서 자란다. 줄기는 곧게 서며 높이는 30~100㎝이고 자줏빛이 돌며 비교적 털이 적다. 잎은 긴 타원형으로 어긋나며 잎자루는 점점 짧아지다가 없어진다.

● **쓰임새 :** 약용 및 관상용

● 꽃은 8월에 피며 연한 자주색 바탕에 짙은 반점이 있다. 길이는 3~5㎝이고 가지와 원줄기 끝에서 밑을 향해 달린다. 초롱꽃은 흰색 꽃을 피우는 반면 섬초롱꽃은 연한 자주색 꽃을 피운다.

▲ 섬초롱꽃_ 꽃

▲ 섬초롱꽃_ 전초

50 솔체꽃

- **성 상 :** 두해살이풀
- **이 명 :** 체꽃
- **분 류 :** 산토끼꽃과(Dipsacaceae)
- **학 명 :** *Scabiosa tschiliensis* Gruning
- **영문명 :** Hopei Scabious
- **원산지 :** 한국
- **꽃 말 :** 이루어질 수 없는 사랑

▲ 솔체꽃_ 꽃

▲ 솔체꽃_ 전초

● **생태 :** 깊은 산 또는 습기가 많은 풀숲에서 자라며 높이는 50~90㎝이다. 줄기는 곧추서서 자라며 가지는 마주나기로, 갈라지고 퍼진 털과 꼬부라진 털이 있다. 잎은 마주나고 타원형이며 깊게 패인 큰 톱니가 있으나 위로 올라갈수록 깃처럼 깊게 갈라진다.

● **쓰임새 :** 식용 및 관상용

● 꽃은 7~9월에 하늘색으로 피고 가지와 줄기 끝에 달린다. 주변부의 꽃은 5개로 갈라지고, 중앙부의 꽃은 대롱꽃으로 4개로 갈라진다. 잎에 털이 없는 것을 민둥체꽃이라 한다.

▼ 솔체꽃_ 무리

51 수레국화

- **성 상 :** 두해살이풀
- **이 명 :** 시차국, 남부용, 도깨비부채
- **분 류 :** 국화과(Compositae)
- **학 명 :** *Centaurea cyanus* L.
- **영문명 :** Cornflower
- **원산지 :** 유럽
- **꽃 말 :** 행복감, 미모, 가냘픔

● **생태 :** 높이는 30~90㎝이고 가지가 다소 갈라지며 흰 솜털로 덮여 있다. 잎은 어긋나고 밑부분의 잎은 거꾸로 세운 듯한 피침형으로 깃처럼 깊게 갈라지지만 윗부분의 것은 줄 모양이며 가장자리가 밋밋하다.

● **쓰임새 :** 식용, 약용 및 관상용

● 꽃은 6~7월에 피며 가지와 원줄기 끝에 파란색 꽃이 1개씩 달린다. 꽃 전체의 형태는 방사형으로 배열되어 있고 모두 관상화이지만 가장자리의 것은 크기 때문에 설상화(혀꽃. 꽃잎이 합쳐져서 1개의 꽃잎처럼 된 꽃)같이 보인다.

▲ 수레국화_ 꽃봉오리

▲ 수레국화_ 꽃

▼ 수레국화_ 무리

52 쑥부쟁이

- 성 상 : 여러해살이풀
- 이 명 : 권영초, 쑥부장이
- 분 류 : 국화과(Compositae)
- 학 명 : *Aster yomena* (Kitam.) Honda
- 원산지 : 한국
- 꽃 말 : 그리움, 기다림, 인내

▲ 쑥부쟁이_ 무리

▲ 쑥부쟁이_ 꽃

● **생태 :** 산과 들의 습기가 있는 곳에서 자라며 높이는 30~100cm이고 뿌리줄기가 옆으로 뻗는다. 줄기는 녹색 바탕에 자줏빛을 띠며 곧게 자라고, 윗부분에서 가지를 친다. 타원형의 잎은 어긋나고 가장자리에는 굵은 톱니와 털이 있으며, 표면은 녹색으로 윤이 난다.

● **쓰임새 :** 식용, 약용 및 관상용

● 꽃은 7~10월에 피고 가지 끝과 원줄기 끝에 1개씩 달리며 설상화는 연한 자색이지만 통상화(관상화. 씨앗이 맺히는 부분에 달린 꽃)는 노란색 꽃이다.

53 엉겅퀴

- **성 상** : 여러해살이풀
- **이 명** : 가시나물, 항가새, 가시엉겅퀴
- **분 류** : 국화과(Compositae)
- **학 명** : *Cirsium japonicum* var. *maackii* (Maxim.) Matsum.
- **원산지** : 한국, 일본
- **꽃 말** : 엄격, 근엄

● **생태 :** 우리나라 전역의 산
과 들에 자라는 양지 식물로
높이는 50~100㎝이고 전체
에 흰 털과 거미줄 같은 털
이 있으며 가지가 갈라진다.
뿌리잎은 꽃 필 때까지 남아
있고 줄기잎보다 크다. 줄기
잎은 타원형으로 새의 깃털
처럼 6~7쌍이 갈라지고 밑
은 원줄기를 감싸며, 갈라진
가장자리에서 다시 갈라지
고 가시가 있다. 좁은잎엉경
퀴, 가시엉경퀴, 흰가시엉경
퀴 등이 있다.

▲ 엉경퀴_ 잎

● **쓰임새 :** 식용 및 약용

▲ 엉경퀴_ 꽃

● 꽃은 6~8월에 피고 지름 3~5㎝의 자주색 또는 붉은색 꽃이
가지 끝과 원줄기 끝에 1개씩 달린다.

▼ 엉경퀴_ 무리

54 에키네시아

- 성 상 : 여러해살이풀
- 이 명 : 드린국화
- 분 류 : 국화과(Compositae)
- 학 명 : *Echinacea purpurea* L.
- 영문명 : Echinacea
- 원산지 : 북미
- 꽃 말 : 영원한 행복

▲ 에키네시아_ 잎

▲ 에키네시아_ 꽃

▲ 에키네시아_ 전초

- **생태 :** 인디언들이 가정 비상약으로 이용해온 민간 약초로, 햇볕이 잘 들고 배수가 잘 되는 토양에서 잘 자란다. 높이는 1~2m 정도까지 자라며, 잎은 어긋나고 털이 없으며 끝은 피침형의 긴 타원형이다. 꽃잎이 아래로 드리워진다고 해서 '드린국화'라고도 부르며, 루드베키아나 구절초와 비슷하다.

- **쓰임새 :** 식용, 약용 및 관상용

- 꽃은 7~10월에 피며 자줏빛이고 줄기와 가지 끝에 달린다.

▲ 에키네시아_ 무리

55 연꽃

- **성 상** : 여러해살이 수생식물
- **이 명** : 가시련, 가시연, 개연, 칠남성개연속
- **분 류** : 수련과(Nymphaeaceae)
- **학 명** : *Nelumbo nucifera* Gaertner
- **영문명** : Sacred lotus, East indian lotus
- **원산지** : 아시아 남부, 오스트레일리아 북부
- **꽃 말** : 소원해진 사랑

▲ 연꽃_ 무리

● **생태 :** 연못에서 자라는 청결하고 고귀한 식물이다. 마디가 많은 원주형의 뿌리가 옆으로 길게 뻗으며 가을철에 끝부분이 특히 굵어진다. 원형에 가까운 백록색 잎은 뿌리줄기에서 나와 물 위에 높이 솟는다. 뿌리줄기 잎은 지름이 40㎝ 정도이고 사방으로 퍼지며 물에 잘 젖지 않는다.

▲ 연꽃_ 꽃봉오리와 잎

● **쓰임새 :** 식용, 약용 및 관상용

● 연한 홍색 또는 흰색 꽃이 7~8월에 피며, 줄기 끝에 지름 15~20㎝의 커다란 꽃이 1송이 달린다. 꽃받침은 녹색으로 4~5조각이며, 꽃잎은 여러 개이고 도란형(거꾸로 서 있는 달걀 모양 꽃잎이나 나뭇잎)이다.

▲ 연꽃_ 꽃

▲ 연꽃_ 연방

56 노랑어리연꽃

- **성 상 :** 여러해살이 수생식물
- **이 명 :** 노랑어리연
- **분 류 :** 조름나물과(Menyanthaceae)
- **학 명 :** *Nymphoides peltata* (J. G. Gmelin) Kuntze
- **영문명 :** Yellow floating-heart, Water-fringe
- **원산지 :** 한국
- **꽃 말 :** 수면의 요정, 청순, 순결

● **생태**: 우리나라 각처의 연못과 늪처럼 물이 깊지 않고 오래 고여 있는 곳 물 밑의 흙 속에서 뿌리줄기가 옆으로 길게 뻗으며 실 모양으로 길게 자란다. 잎은 달걀 모양 또는 원형으로 마주나며 긴 잎자루가 있고 밑부분이 2개로 갈라

▲ 노랑어리연꽃_ 꽃

진다. 물 위에 뜨는 잎 앞면은 녹색이고 뒷면은 자줏빛을 띤 갈색이며 약간 두껍고 가장자리에 물결 모양의 톱니가 있다.

● **쓰임새**: 식용, 약용 및 관상용

● 7~9월에 지름 3~4㎝의 오이꽃과 비슷한 노란 꽃이 핀다. 잎겨드랑이에서 2~3개의 꽃대가 나와 물 위에 2~3송이씩 달리며, 수술은 5개이다.

▲ 노랑어리연꽃_ 무리

57 오이

- **성 상** : 한해살이풀
- **이 명** : 자과, 황과, 왕과
- **분 류** : 박과(Cucurbitaceae)
- **학 명** : *Cucumis sativus* L.
- **영문명** : Cucumber
- **원산지** : 인도
- **꽃 말** : 존경, 애모

● **생태 :** 오이는 중요한 식용 작물의 하나이다. 줄기는 굵은 털이 있고 덩굴손으로 다른 물체를 감으면서 붙어서 길게 자란다. 잎은 어긋나고 잎자루가 길며 손바닥 모양으로 얕게 갈라지고 가장자리에 톱니가 있으며 거칠다.

▲ 오이_ 꽃

● **쓰임새 :** 식용

● 꽃은 5~6월에 피고 노란색이며 주름이 진다. 수꽃에는 3개의 수술이 있으며 암꽃 밑부분에 가시 같은 돌기가 있는 긴 씨방이 있다.

▲ 오이_ 열매 맺히는 모습

▲ 오이_ 잎과 덩굴

58 원추천인국 (루드베키아)

- **성 상** : 여러해살이풀
- **분 류** : 국화과(Compositae)
- **학 명** : *Rudbeckia bicolor* Nutt.
- **영문명** : pinewoods coneflower
- **원산지** : 북아메리카
- **꽃 말** : 영원한 행복

▲ 원추천인국_ 무리

- **생태 :** 높이는 30~50㎝ 정
  도이고 털이 있어 거칠다.
  줄기와 잎은 빳빳한 털로
  덮여 있고, 긴 타원형 잎
  은 어긋나며 가장자리가
  밋밋하다. 루드베키아는
  삼잎국화 등을 포함한 속
  의 총칭으로 불린다.

▲ 원추천인국_ 꽃봉오리와 잎

- **쓰임새 :** 약용 및 관상용

- 꽃은 7~9월에 피고 지름
  5~8㎝ 크기의 꽃이 줄기
  끝에 1개씩 달린다. 꽃은
  노란색이며 중심부는 암
  갈색으로 변한다.

▲ 원추천인국_ 꽃

59 유채

- **성 상**: 두해살이풀
- **이 명**: 호무우, 호무
- **분 류**: 십자화과(Brassicaceae)
- **학 명**: *Brassica napus* L.
- **영문명**: Rape
- **원산지**: 유럽
- **꽃 말**: 명랑, 쾌활

● **생태 :** 세계적으로 널리 재배되고 있다. 높이는 1m에 달하고 원줄기에서 15개 정도의 곁가지가 나오고, 이 곁가지에서 다시 2~4개의 곁가지가 또 나온다. 잎은 창 모양의 피침형이고 표면은 매끄러우며 녹색

▲ 유채_ 꽃

이다. 줄기에는 30~50개의 잎이 붙는다.

● **쓰임새 :** 식용, 약용 및 관상용

● 꽃은 3~4월에 피고 노란색 꽃이 가지 끝에 달린다. 꽃잎은 끝이 둥근 도란형이고 길이는 약 1㎝이다. 6개의 수술 중 4개는 길고 2개는 짧으며 암술은 1개이다.

▲ 유채_ 무리

60 잇꽃 (홍화)

- 성 상 : 두해살이풀
- 이 명 : 홍화, 홍람, 잇나물
- 분 류 : 국화과(Compositae)
- 학 명 : *Carthamus tinctorius* L.
- 영문명 : Safflower, Bastard Saffron
- 원산지 : 이집트
- 꽃 말 : 불변

▲ 잇꽃_ 무리

● **생태 :** 높이는 1m에 달하고 전체에 털이 없다. 잎은 어긋나고 넓은 피침 모양이며 톱니 끝이 가시처럼 된다. 꽃에서 붉은빛 염료를 얻는다 하여 '홍화'라고도 하며, 인류가 만들어 쓴 가장 오랜 천연 염료 중의 하나이다. 종자에 칼슘이 풍부하여 뼈를 튼튼히 하고 골다공증에 효과가 있어 한약재로 이용한다.

▲ 잇꽃_ 꽃

● **쓰임새 :** 염료 및 식용, 약용

● 꽃은 7~8월에 피고 모양은 엉겅퀴와 비슷하며 붉은빛이 도는 노란색 꽃이 줄기 끝과 가지 끝에 1개씩 달린다. 처음에는 노란색이지만 차츰 주황색으로 변했다가 결국 붉은색 꽃이 된다.

▲ 잇꽃_ 전초

61 작약

- 성 상 : 여러해살이풀
- 이 명 : 함박초, 함박꽃
- 분 류 : 작약과(Paeoniaceae)
- 학 명 : *Paeonia lactiflora* Pall.
- 영문명 : Chinese milkvetch
- 원산지 : 한국
- 꽃 말 : 수줍음

▲ 작약_ 꽃(붉은색)

● **생태** : 뿌리를 자르면 붉은빛이 돌기 때문에 '적작약'이라고 도 하며, 높이는 50~80㎝이고 줄기는 하나의 포기에서 여러 개가 나와 곧게 자란다. 잎은 어긋나고 표면은 광택이 있으 며 뒷면은 연한 녹색이고 가장 자리는 밋밋하다.

● **쓰임새** : 약용 및 관상용

● 꽃은 5~6월에 피고 원줄기 끝 에 흰색 또는 붉은색의 큰 꽃이 1개씩 달린다. 수술은 매우 많 고 노란색이며 암술은 3~5개 로 암술머리가 뒤로 젖혀지고 달걀 모양의 씨방에는 털이 없 거나 약간 있다.

▲ 백작약_ 꽃

▲ 작약_ 무리

62 장구채

- 성 상 : 두해살이풀
- 이 명 : 여루채, 견경여루채
- 분 류 : 석죽과(Caryophyllaceae)
- 학 명 : *Silene firma* Siebold & Zucc.
- 원산지 : 한국
- 꽃 말 : 동자의 웃음

▲ 장구채_ 무리

● **생태 :** 줄기가 장구채를 닮았다 하여 붙여진 이름이다. 높이는 30~80㎝으로 산과 들에서 곧게 자란다. 털은 없고 줄기는 녹색이며 마디는 검은 자주색이 돈다. 잎은 마주나고 긴 타원형이며 가장자리에 다소 털이 있다.

● **쓰임새 :** 식용 및 약용

● 꽃은 6~8월에 피고 흰색이며 잎자루와 원줄기 끝에 먼저 피고 아래로 내려오면서 잎자루 사이에서 충충으로 달린다. 꽃받침은 통같이 생겼는데, 끝이 5개로 얕게 갈라지며 달걀 모양이다. 꽃잎은 흰색이며 5개이고, 10개의 수술과 3개로 갈라진 1개의 암술대가 있다.

▲ 장구채_ 줄기

▲ 장구채_ 꽃

63 전동싸리

- **성 상** : 두해살이풀
- **이 명** : 노랑물싸리
- **분 류** : 콩과(Leguminosae)
- **학 명** : *Melilotus suaveolens* Ledeb.
- **영문명** : Sweet clover
- **원산지** : 중국
- **꽃 말** : 겸허, 청초

▲ 전동싸리_ 잎

▲ 전동싸리_ 꽃

● **생태:** 풀밭에서 자라며 높이
는 60~90㎝ 정도로 곧게 자
라고 줄기는 분백색이다. 잎
은 어긋나고 3개의 작은잎
으로 된 겹잎이며, 작은잎은
긴 타원형으로 가장자리에
잔 톱니가 있다.

● **쓰임새:** 약용 및 관상용

● 꽃은 7~8월에 피고 잎겨드
랑이나 가지 끝에 나비 모양
의 연노란색 꽃이 빽빽하게
달린다.

▲ 전동싸리_ 무리

64 흰전동싸리

- **성 상** : 두해살이풀
- **이 명** : 꿀풀싸리
- **분 류** : 콩과(Leguminosae)
- **학 명** : *Melilotus alba Medicus* ex Desv.
- **영문명** : White Sweet Clover, Bukhara Clover
- **원산지** : 중국

● **생태** : 길가 풀밭에서 자라며 높이는 60～100㎝ 정도로 곧게 자란다. 털이 없고 흰빛을 띤다. 잎은 어긋나고 3개의 작은 잎으로 된 겹잎이며 작은잎은 긴 타원형이고 가장자리에 날카로운 톱니가 있다.

▲ 흰전동싸리_ 꽃

● **쓰임새** : 약용 및 관상용

● 꽃은 7～8월에 피고 잎겨드랑이나 가지 끝에 나비 모양의 흰색 꽃이 빽빽하게 달린다.

▲ 흰전동싸리_ 무리

65 접시꽃

- **성 상** : 두해살이풀
- **이 명** : 접중화, 촉규화
- **분 류** : 아욱과(Malvaceae)
- **학 명** : *Althaea rosea* Cav.
- **영문명** : Hollyhock
- **원산지** : 중국
- **꽃 말** : 풍요, 야망, 다산

▲ 접시꽃_ 잎

▲ 접시꽃_ 꽃(붉은색)

● **생태 :** 우리나라 전역에 자
생하며, 높이는 2.5m까지
곧게 자란다. 줄기는 녹색
이며 털이 있고 원주형이
다. 잎은 어긋나고 길며
원형 또는 심장 모양이고

▲ 접시꽃_ 꽃(흰색)

가장자리는 6~7개로 얕게 갈라지며 톱니가 있다.

● **쓰임새 :** 약용 및 관상용

● 꽃은 7~9월 사이에 피고 둥글고 넓은 접시 모양이다. 꽃받침
은 5개로 갈라지며 꽃잎
은 5개가 기왓장처럼 겹
쳐진다. 꽃 색은 흰색, 노
란색, 붉은색 등 다양하
다. 수술은 서로 합쳐져서
암술을 둘러싸고, 암술대
는 1개이지만 끝에서 여
러 개로 갈라지고 접시 같
은 열매가 달린다.

▲ 접시꽃_ 무리

66 쥐깨풀

- **성 상**: 한해살이풀
- **이 명**: 좀산들깨, 쥐깨, 참산들깨, 털쥐깨
- **분 류**: 꿀풀과(Labiatae)
- **학 명**: *Mosla dianthera* (Buch.-Ham. ex Roxb.) Maxim.
- **영문명**: Miniature Beefsteak
- **원산지**: 한국
- **꽃 말**: 추향

● **생태 :** 그늘지고 습기가 있는 곳에서 자라며, 높이는 20~50㎝이고 줄기는 네모지며 마디에 흰 털이 있고 곧게 자란다. 잎은 마주나며 양끝이 뾰족한 달걀 모양으로 가장자리에 톱니가 있다. 잎은 티몰(thymol, 살균, 구충, 방부제로 쓰이는 식물성 정유의 성분)의 원료로 사용한다.

● **쓰임새 :** 식용, 약용 및 관상용

● 꽃은 7~9월에 피며 흰색 또는 붉은색을 띤 자주색 꽃이 가지와 줄기 끝에 달린다. 꽃받침은 5개로 갈라지며, 4개의 수술 중 2개는 길고 앞에 있는 2개는 짧다.

▲ 쥐깨풀_ 꽃

▲ 쥐깨풀_ 전초

▲ 쥐깨풀_ 무리

67 지면패랭이꽃(꽃잔디)

- **성 상 :** 여러해살이풀
- **분 류 :** 꽃고비과(Polemoniaceae)
- **학 명 :** *Phlox subulata* L.
- **영문명 :** Ground pink, Moss pink, Mountain phlox
- **원산지 :** 아메리카
- **꽃 말 :** 희생

● **생태**: 건조한 모래땅에서 잘 자라며, 높이는 10㎝ 정도 자라고 가지가 많이 갈라져 잔디처럼 지면을 완전히 덮으며 자라는 지피식물이다. 멀리서 보면 잔디 같지만 꽃이 피기 때문에 '꽃잔디'라고도 하며, 꽃이 패랭이꽃과 비슷하고 지면으로 퍼져 자라기 때문에 지면패랭이꽃이라고 한다.

▲ 지면패랭이꽃_ 꽃

● **쓰임새**: 정원용

● 개화기는 4~9월이지만 주로 4월에 줄기 끝에 핀다. 꽃의 색은 붉은색, 자홍색, 분홍색, 연한 분홍색, 흰색 등 여러 가지가 있다. 수술은 일부가 밖으로 나오고 암술대의 길이는 1.2㎝ 정도이다.

▼ 지면패랭이꽃_ 무리

68 패랭이꽃

- **성 상** : 여러해살이풀
- **이 명** : 석죽화, 구맥
- **분 류** : 석죽과(Caryophyllaceae)
- **학 명** : *Dianthus chinensis* L.
- **영문명** : Chinese pink
- **원산지** : 한국, 중국
- **꽃 말** : 순애, 순결한 사랑

- **생태 :** 우리나라 전역의 건조한 곳이나 냇가의 모래땅에서 잘 자라는 숙근성 식물이다. 높이는 30㎝이고 한 뿌리에서 하나 또는 여러 개의 줄기가 나와 곧게 자라며 전체에 분백색이 돈다. 잎은 마주나고 선형 또는 끝이 뾰족한 피침형이고 밑부분이 서로 합쳐져서 짧게 통처럼 되며 가장자리는 밋밋하다.

- **쓰임새 :** 식용, 약용 및 관상용

- 꽃은 양성화로 6~8월에 피고 줄기 끝부분에서 약간의 가지가 갈라져 그 끝에서 붉은색의 꽃이 1송이씩 달린다. 꽃잎은 5개이고, 수술은 10개, 암술대는 2개이다.

▲ 패랭이꽃_ 꽃

▲ 술패랭이꽃_ 꽃

▲ 패랭이꽃_ 무리

69 짚신나물

- **성 상 :** 여러해살이풀
- **이 명 :** 선학초, 과향초, 낭아초, 황룡미
- **분 류 :** 장미과(Rosaceae)
- **학 명 :** *Agrimonia pilosa* Ledeb.
- **영문명 :** Hairyvein Agrimonia
- **원산지 :** 한국
- **꽃 말 :** 감사

▲ 짚신나물_ 무리

● **생태 :** 잎맥이 짚신을 닮았
다 하여 붙여진 이름이며,
산이나 들에서 자라고, 높
이는 30∼100㎝이며 전체
에 털이 있다. 긴 타원형의
잎은 어긋나며 표면은 녹색
이다. 잎의 양면에 털이 있
으며 양끝은 좁고 가장자리
에 톱니가 있다.

▲ 짚신나물_ 꽃

● **쓰임새 :** 식용 및 약용

● 꽃은 6∼8월에 피고 원줄기
와 가지 끝에 노란색 꽃이
달린다. 꽃잎은 5개이며 도란형이고, 수술은 12개이다.

70 쪽

- 성 상 : 한해살이풀
- 이 명 : 오람, 숭람, 다람, 남옥
- 분 류 : 마디풀과(Polygonaceae)
- 학 명 : *Persicaria tinctoria* H. Gross
- 영문명 : polygonum indigo
- 원산지 : 중국
- 꽃 말 : 추억

● **생태 :** 높이는 50∼60㎝이
고 줄기는 곧게 서며 붉은
빛이 강한 자주색이다. 잎
은 긴 타원형 또는 달걀
모양으로 어긋나며 양끝
이 좁고 가장자리가 밋밋
하다. 잎은 남색의 염색
염료로 사용한다.

▲ 쪽_ 잎

● **쓰임새 :** 염료용 및 약용

● 꽃은 8∼9월에 피고 줄기
윗부분과 줄기 끝에 붉은
색 꽃이 빽빽하게 달린다.
수술은 6∼8개이고 꽃받
침보다 짧으며, 3개의 암
술대가 있다.

▲ 쪽_ 꽃

▲ 쪽_ 무리

71 천일홍

- **성　상** : 한해살이풀
- **이　명** : 천일초, 천날살이풀
- **분　류** : 비름과(Amaranthaceae)
- **학　명** : *Gomphrena globosa* L.
- **영문명** : Globe Amaranth
- **원산지** : 아메리카
- **꽃　말** : 변하지 않은 사랑

▲ 천일홍_ 잎

▲ 천일홍_ 꽃

- **생태** : 꽃이 천 일 동안 유지된다 하여 '천일홍'이라 한다. 높이는 40~50㎝이고 줄기는 곧게 서며, 전체에 털이 있고 가지가 갈라진다. 선명한 녹색 잎이 마주나는데, 긴 타원형이며 양끝이 좁고 가장자리가 밋밋하다.

- **쓰임새** : 식용, 약용 및 관상용

- 꽃은 7~10월에 피고 가지와 줄기 끝에 1송이씩 꽃이 달린다. 꽃 색은 흰색, 분홍색, 진

▲ 천일홍_ 무리

홍색 등 다양하다. 5개의 수술이 뭉쳐져서 통같이 되고 통 끝부분 안쪽에 꽃밥이 달린다. 1개의 암술대는 끝이 2개로 갈라진다.

72 코스모스

- **성 상** : 한해살이풀
- **이 명** : 살살이꽃, 추영
- **분 류** : 국화과(Compositae)
- **학 명** : *Cosmos bipinnatus* Cav.
- **영문명** : Common Cosmos
- **원산지** : 멕시코
- **꽃 말** : 소녀의 사랑, 전설

● **생태 :** 가을운동회가 연상 되는 코스모스는 1910년 대에 선교사에 의해 도입 되었다고 전해진다. 높이 는 1~2m 정도로 곧게 서 며 위쪽에서 가지가 갈라 지고 털은 없다. 잎은 마 주나고 2회 꼴로 깊고 가 늘게 실처럼 갈라진다.

● **쓰임새 :** 약용 및 관상용

● 꽃은 6~10월에 피며 가지 와 원줄기 끝에 머리 모양 의 꽃이 1개씩 달린다. 꽃 색은 흰색, 홍색, 보라색 등 품종에 따라서 다르고 끝이 톱니처럼 얕게 갈라 진다.

▲ 코스모스_ 꽃(분홍색)

▲ 코스모스_ 꽃(홍색)

▼ 코스모스_ 무리

노랑코스모스

- **성 상** : 한해살이풀
- **이 명** : 오렌지 코스모스
- **분 류** : 국화과(Compositae)
- **학 명** : *Cosmos sulphureus* Cav.
- **영문명** : Yellow Cosmos, Orange Cosmos
- **원산지** : 멕시코
- **꽃 말** : 애정, 야성미

초
본
류

▲ 노랑코스모스_ 무리

● **생태 :** 1930〜1945년에 도입되었으며, 높이는 40〜100㎝ 정도이다. 줄기는 곧게 서며 가지를 많이 치고 털이 없다. 잎은 마주나는데 줄기 아래쪽의 것은 잎자루가 길고 달걀 모양으로 2회 깃꼴로 깊게 갈라진다. 위쪽 잎은 잎자루가 없고 곧게 서며 위쪽에서 가지가 갈라지고 털은 없다. 잎은 마주나고 2회 꼴로 깊고 가늘게 실처럼 갈라진다.

● **쓰임새 :** 약용 및 관상용

● 주황색 꽃이 7〜9월에 피며 여러 개가 가지 끝에 1개씩 달린다. 잎이 코스모스보다 넓고 끝이 뾰족하게 갈라지는 점이 다르다.

▲ 노랑코스모스_ 꽃

▲ 노랑코스모스_ 전초

74 콜레우스

- **성 상 :** 여러해살이풀
- **이 명 :** 코리우스
- **분 류 :** 꿀풀과(Labiatae)
- **학 명 :** *Coleus blumei* Benth.
- **영문명 :** Coleus
- **원산지 :** 자바
- **꽃 말 :** 절망적인 사랑

▲ 콜레우스_ 잎   ▲ 콜레우스_ 꽃

● **생태 :** 높이는 60~80㎝ 정도이며, 줄기는 단면이 네모나며 가
지가 많이 갈라진다. 잎은 마주나고 육질이며 둥글거나 길고 크
기와 색깔이 다양하다. 가장자리에는 깊이 패어 들어간 모양과
주름이 있다.

● **쓰임새 :** 관상용

● 꽃은 7~8월에 피며 자주색이고 줄기 끝에 수상 꽃차례를 이루
며 달린다.

▲ 콜레우스_ 무리

75 토끼풀 (클로버)

- 성 상 : 여러해살이풀
- 이 명 : 화란자운영
- 분 류 : 콩과(Fabaceae)
- 학 명 : *Trifolium repens* L.
- 영문명 : Clover, White Clover, White Dutch Clover
- 원산지 : 유럽
- 꽃 말 : 약속, 행운, 평화

● **생태** : 토끼풀은 1907년경 사료로 이용하기 위해 도입되었다. 밑부분에서 갈라진 가지가 옆으로 기면서 마디에서 뿌리가 내리며 털은 없다. 도란형의 작은 잎은 어긋나고 3개이지만 4~7장까지도 달리며, 네잎 클로버는 행운을 준다는 속설도 있다. 잎에는 흰색의 무늬가 나타나기도 하는데, 양면에는 털이 없고 가장자리에 잔톱니가 있다.

▲ 토끼풀_ 잎

▲ 토끼풀_ 꽃

● **쓰임새** : 약용 및 관상용

● 꽃은 6~7월에 피고 나비 모양의 흰색 꽃이 줄기 끝에 공처럼 둥글게 달린다.

▲ 토끼풀_ 무리

76 크림슨클로버 (크림슨토끼풀)

- **성 상 :** 한해살이풀
- **분 류 :** 콩과(Fabaceae)
- **학 명 :** *Trifolium incarnatum* L.
- **영문명 :** Crimson clover, incarnate clover, Italian clover
- **원산지 :** 이탈리아, 스페인
- **꽃 말 :** 좋은 소식, 기별

▲ 크림슨클로버_ 무리

- **생태:** 줄기의 높이는 40∼60㎝로 직립형이고 가늘며 많은 털이 있다. 하나의 그루터기에서 많게는 20∼50개의 줄기가 나오는 목초식물이다. 잎은 3개의 소엽으로 되어 있으며 줄기 마디에서 턱잎과 더불어 잎자루가 발달한다. 잎자루 끝에 초록색 타원형의 작은 잎이 3개 붙어 있다.

- **쓰임새:** 관상용 및 녹비작물

- 꽃은 4∼5월에 피고 원뿔형의 붉은색 꽃이 줄기 끝에 달린다. 꽃은 아래에서 피기 시작하며 100개의 작은 꽃들로 이루어져 있다.

▲ 크림슨클로버_ 잎

▲ 크림슨클로버_ 꽃

77 톱풀

- **성 상** : 여러해살이풀
- **이 명** : 가새풀, 배암세, 배암채
- **분 류** : 국화과(Compositae)
- **학 명** : *Achillea alpina* L.
- **영문명** : Yarrow
- **원산지** : 한국
- **꽃 말** : 숨은 공적, 충실, 지도

▲ 톱풀_ 잎

▲ 톱풀_ 꽃봉오리

▲ 톱풀_ 꽃

▲ 톱풀_ 전초

● **생태 :** 잎의 찢어진 각이 날카롭게 생겨서 마치 날이 선 톱니를 연상시켜 붙여진 이름이다. 높이는 50~110㎝이고 곧게 자라며 뿌리줄기 한 곳에서 여러 대가 모여서 나오며 밑부분에는 털이 없고 윗부분에는 털이 많다. 잎은 어긋나고 긴 타원상이며 뾰족한 톱니가 있다.

▲ 톱풀_ 무리

● **쓰임새 :** 식용 및 약용

● 꽃은 양성화로 7~10월에 피고 가지 끝과 원줄기 끝에 흰색 또는 연한 홍색 꽃이 달린다. 암꽃은 5~7개이다.

78 풍접초

- **성 상 :** 한해살이풀
- **이 명 :** 백화채
- **분 류 :** 풍접초과(Cleomaceae)
- **학 명 :** *Cleome spinosa* Jacq.
- **영문명 :** Spiny Spiderflower
- **원산지 :** 열대 아메리카
- **꽃 말 :** 시기, 질투, 불안한 흔들림

- **생태 :** 높이는 1m에 달하고 줄기는 곧게 서며 털과 잔가시가 있다. 잎은 어긋나고 손바닥 모양의 겹잎이며, 긴 타원 모양의 작은잎은 5~7개인데 끝이 뾰족하며 가장자리는 밋밋하다.

▲ 풍접초_ 꽃

- **쓰임새 :** 약용 및 관상용

- 꽃은 8~9월에 피고 홍자색 또는 흰색의 꽃이 원줄기 끝에 달린다. 수술은 4개인데 남색 또는 홍자색으로 꽃잎보다 2~3배 길게 뻗어 나오며, 암술은 1개이다.

▲ 풍접초_ 전초

▲ 풍접초_ 무리

79 한련

- **성 상** : 한해살이풀
- **이 명** : 할련, 금연화
- **분 류** : 한련과(Tropaeolaceae)
- **학 명** : *Tropaeolum majus* L.
- **영문명** : Garden nasturtium
- **원산지** : 페루
- **꽃 말** : 승리, 애국심

▲ 한련_ 잎

▲ 한련_ 꽃

● **생태** : 속명인 Tropaeolum은 그리스어로 '트로피'라는 뜻으로 방패 같은 잎과 투구 같은 꽃의 형태에서 유래한 이름이다. 높이가 1.5m에 달하는 덩굴성 식물로 육질이다. 잎은 어긋나고 거의 둥글며 긴 잎자루 끝에 방패같이 달린다.

● **쓰임새** : 식용, 약용 및 관상용

● 꽃은 5~7월에 피고 잎겨드랑이에서 1개의 대가 나와서 끝에 1개의 꽃이 달린다. 꽃 색깔은 붉은색, 등색, 크림색, 노란색 등 다양하다.

▲ 한련_ 무리

80 해바라기

- **성 상** : 한해살이풀
- **이 명** : 해바래기, 향일규(向日葵)
- **분 류** : 국화과(Compositae)
- **학 명** : *Helianthus annuus* L.
- **영문명** : Sunflower. Helios
- **원산지** : 중앙아메리카
- **꽃 말** : 애모, 동경, 숭배, 의지, 신앙

- **생태 :** 꽃이 태양을 향하는 굴광성 식물로 높이는 약 2m까지 곧게 자라며, 전체에 굳은 털이 있다. 잎은 어긋나고 넓은 달걀 모양으로 끝이 뾰족하며 가장자리에 큰 톱니가 있다.

▲ 해바라기_ 잎

- **쓰임새 :** 식용(기름), 약용 및 관상용

▲ 해바라기_ 꽃

- 꽃은 8~9월에 피고 원줄기 가지 끝에 노란색 꽃이 옆을 향해 1개씩 달린다. 꽃차례는 노란색을 띠는 큰 혀꽃과 이를 둘러싸는 작은 관꽃으로 이루어져 있다. 꽃차례는 보통 지름이 30㎝를 넘으며, 1,000개 정도 씨를 맺는다.

▼ 해바라기_ 무리

81 헤어리베치 (벳지, 털갈퀴덩굴)

- **성 상** : 두해살이풀
- **이 명** : 윈터 베치, 샌드 베치
- **분 류** : 콩과(Fabaceae)
- **학 명** : *Vicia villosa* Roth
- **영문명** : Hairy Vetch, Water Lily
- **원산지** : 유럽
- **꽃 말** : 행운, 젊은날의 슬픔

▲ 헤어리베치_ 무리

● **생태 :** 내한성이 강하여 '윈
터 베치', 모래땅에서도 잘
자라므로 '샌드 베치'라 하
며, 보통 '베치' 또는 '벳지'
라고 부르는 녹비작물이다.
높이는 1~2m로 자라고 속
이 비어 있으며 겉에 세로줄
과 더불어 털이 있다. 잎은
어긋나고 6~10쌍의 작은잎
으로 되며 끝의 작은잎은 갈
라진 덩굴손으로 되어 있다.
작은잎은 긴 타원형이며 끝
이 뾰족하다.

● **쓰임새 :** 관상용 및 녹비식물

● 꽃은 5~6월에 피며 적자색
의 꽃이 20~30개 달린다.

▲ 헤어리베치_ 잎

▲ 헤어리베치_ 꽃

82 호박

- **성 상** : 한해살이풀
- **이 명** : 당호박
- **분 류** : 박과(Cucurbitaceae)
- **학 명** : *Cucurbita moschata* Duchesne
- **영문명** : Pumpkin, Squash
- **원산지** : 열대 아프리카
- **꽃 말** : 포용, 관대함

● **생태 :** 덩굴줄기의 단면은 오
각형이고 털이 있으며 덩굴손
으로 다른 물체를 감으면서
붙어 자란다. 잎은 어긋나고
잎자루가 길며 잎자루는 심장
형 또는 신장형이고 가장자리
가 얕게 5개로 갈라지며 톱니
가 있다.

● **쓰임새 :** 식용 및 약용

● 노란색 꽃이 6월부터 서리가
내릴 때까지 계속 핀다. 수꽃
과 암꽃이 따로 피며 수꽃은
대가 길고 암꽃은 대가 짧다.
수꽃에만 있는 화분을 벌이
암꽃에 옮기면 수분이 되고,
수분된 암꽃에서 호박이 자란
다. 암꽃은 단 하루만 피기 때
문에 하루만 수분할 수 있고,
대부분은 수꽃이므로 실제로
호박을 생성하는 꽃은 몇 송
이밖에 없다.

▲ 호박_ 꽃봉오리와 잎

▲ 호박_ 꽃

▲ 호박_ 무리

83 화초가지

- **성 상** : 한해살이풀
- **이 명** : 꽃가지, 계란가지, 흰가지
- **분 류** : 가지과(Solanaceae)
- **학 명** : *Solanum melongena* L.
- **영문명** : White Egg Plant
- **원산지** : 인도
- **꽃 말** : 진실

● **생태 :** 화초가지는 달걀 모양을 하고 있어서 계란가지라고도 불린다. 초기에는 흰 계란과 모양과 색이 유사하나 성숙하면서 노랗게 변한다. 노숙하기 전 흰색일 때 식용으로 이용한다.

▲ 화초가지_ 열매

● **쓰임새 :** 식용 및 관상용

● 꽃은 6~9월에 피고 줄기와 가지의 마디 사이에서 꽃대가 나와 여러 송이의 흰색 또는 연보라색 꽃이 달린다. 수술은 5개이다.

▲ 화초가지_ 잎

▲ 화초가지_ 꽃봉오리

▲ 화초가지_ 꽃(흰색)

▲ 화초가지_ 꽃(연보라색)

제2장
목본류

01 가죽나무

- 성 상 : 교목
- 이 명 : 가승목, 가중나무, 가짜 죽나무
- 분 류 : 소태나무과(Simaroubaceae)
- 학 명 : *Ailanthus altissima* (Mill.) Swingle for. *altissima*
- 영문명 : Tree-of-heaven, Copal Tree, Varnish Tree
- 원산지 : 중국
- 꽃 말 : 누명

▲ 가죽나무_ 잎

▲ 가죽나무_ 꽃

● **생태 :** 가죽나무는 가짜 죽나무란 뜻이며, 가중나 무라고도 한다. 높이는 20m에 달하고 수피는 회 갈색이다. 잎은 어긋나고 넓은 달걀 모양으로 13~ 25개의 작은잎으로 되어 있다. 잎 표면은 녹색이 며 뒷면은 연한 녹색으로 털이 없다.

● **쓰임새 :** 가구재 및 약용

▲ 가죽나무_ 전경

● 꽃은 6~8월에 피고 백록 색의 꽃이 가지의 끝부분 에 달린다. 꽃받침은 5개로 갈라지며 꽃잎은 5개로 끝부분이 안으로 말린다. 수술은 10개이고 암술대는 5개이며 갈라진다.

02 감나무

- **성 상** : 교목
- **분 류** : 감나무과(Ebenaceae)
- **학 명** : *Diospyros kaki* Thunb.
- **영문명** : Persimmon
- **원산지** : 한국
- **꽃 말** : 자애, 소박

● **생태** : 높이가 14m에 달하며 줄기의 겉껍질 수피는 코르크화되어 비늘 모양으로 갈라지며 어린 가지에는 갈색 털이 있다. 잎은 어긋나며 혁질이고 타원상 달걀 모양이다. 톱니는 없고, 잎자루에는 털이 있다.

목
본
류

● **쓰임새** : 가구재 및 식용

● 꽃은 양성화 또는 단성화로 5~6월에 피며 황백색이다. 수꽃은 16개의 수술이 있으나 양성화에는 4~

▲ 감나무_ 전경

16개의 수술이 있다. 암꽃은 잎겨드랑이에 1개씩 달리고, 암술대에는 털이 있으며 길게 갈라진다.

▲ 감나무_ 잎

▲ 감나무_ 꽃

03 고광나무

- **성 상** : 관목
- **이 명** : 오이순, 쇠영꽃나무, 털고광나무
- **분 류** : 범의귀과(Saxifragaceae)
- **학 명** : *Philadelphus schrenkii* Rupr.
- **영문명** : Mock Orange
- **원산지** : 한국
- **꽃 말** : 추억, 기품, 품격

▲ 고광나무_ 줄기와 잎   ▲ 고광나무_ 꽃

목
본
류

● **생태 :** 주로 산골짜기에서 자라며, 높이는 2~4m이고 작은 가지에 털이 조금 있으며 2년생 가지는 회색이고 껍질이 벗겨진다. 잎은 마주나고 달걀 모양 또는 타원형으로 양쪽 끝이 뾰족하며 뚜렷하지 않은 톱니가 있다. 잎 표면은 녹색이고 털이 거의 없으나 뒷면은 연한 녹색으로 맥 위에 잔털이 있다.

● **쓰임새 :** 식용 및 관상용

▲ 고광나무_ 전경

● 꽃은 4~6월에 피고 잎겨드랑이나 꼭대기에 흰색 꽃이 5~7개 달리며 잔털이 있다. 꽃받침은 안쪽 끝에 잔털이 있으며 꽃잎은 둥글고, 암술대는 4개이다.

04 때죽나무

- **성 상** : 교목
- **이 명** : 노가나무, 족나무
- **분 류** : 때죽나무과(Styracaceae)
- **학 명** : *Styrax japonicus* Siebold & Zucc.
- **영문명** : Japanese snowbell
- **원산지** : 한국
- **꽃 말** : 겸손

▲ 때죽나무_ 전경

● **생태 :** 산과 들의 낮은 지
대에서 자라며, 높이는
10m 정도이다. 가지는 성
모가 있으나 없어지고 표
피가 벗겨지면서 다갈색
으로 된다. 잎은 어긋나고
달걀 모양 또는 긴 타원형
이며 가장자리는 밋밋하
거나 톱니가 약간 있다.

▲ 때죽나무_ 잎

● **쓰임새 :** 식용 및 목재용

● 꽃은 5~6월에 피고 흰색
꽃이 2~5개씩 밑을 향해
달린다. 수술은 10개이고
수술대의 아래쪽에는 흰
색 털이 있다.

▲ 때죽나무_ 꽃

05 말채나무

- 성 상 : 교목
- 이 명 : 말채목, 빼빼목, 설매목, 신선목
- 분 류 : 층층나무과(Cornaceae)
- 학 명 : *Cornus walteri* F.T.Wangerin
- 영문명 : Walter dogwood
- 원산지 : 한국, 일본
- 꽃 말 : 당신을 보호해 드리겠습니다

● **생태 :** 계곡의 숲 속에서 자라
며, 높이는 10m에 달하고 오
래된 줄기는 감나무 수피처럼
그물처럼 갈라지며 흑갈색이
다. 잎은 마주나며 넓은 달걀
모양 또는 타원형이고 표면에
복모가 약간 있다. 뒷면은 흰
빛이 돌고 억세게 굽은 털이
있으며 가장자리가 밋밋하다.

● **쓰임새 :** 약용 및 건축재

● 꽃은 6월에 가지 끝에 피고 꽃
잎은 피침형이며 흰색이다.
암술은 수술보다 짧고 수술대
는 꽃잎과 길이가 거의 같다.

▲ 말채나무_ 잎

▲ 말채나무_ 꽃

▲ 말채나무_ 전경

06 명자꽃 (산당화)

- **성 상** : 관목
- **이 명** : 가시덱이, 당명자나무, 잔털명자나무
- **분 류** : 장미과(Rosaceae)
- **학 명** : *Chaenomeles speciosa* (Sweet) Nakai
- **영문명** : Flowering Quince, Japanese Quince
- **원산지** : 중국
- **꽃 말** : 평범, 겸손

▲ 명자꽃(산당화)_ 꽃(붉은색)

▲ 명자꽃(산당화)_ 꽃(분홍색)

● **생태 :** 청초한 느낌을 주는 꽃이라 하여 '아가씨나무'라고도 하며, '보춘화', '산당화'라고 부르기도 한다. 높이는 1~2m에 달하고, 줄기 밑부분이 반 정도 눕고 대부분의 가지 끝이 가시로 변하며 어린 가지에는 털이 있다. 잎은 어긋나고 타원형 또는 넓은 달걀 모양이며 양면에 털이 없고 가장자리에 둔한 톱니가 있다.

▲ 명자꽃(산당화)_ 꽃 무리

● **쓰임새 :** 식용, 약용 및 관상용

● 꽃은 4~5월에 피고 암수한그루로서 짧은 가지에 3~5개가 모여 달리며 꽃 색은 흰색, 분홍색, 붉은색 등 다양하다. 꽃은 잎보다 먼저 피거나 동시에 피는데, 암꽃과 수꽃이 따로 핀다. 수술은 30~50개이고 수술대는 털이 없으며 암술대는 5개이고 밑부분에 잔털이 있다.

07 모감주나무

- 성 상 : 교목
- 이 명 : 염주나무
- 분 류 : 무환자나무과(Sapindaceae)
- 학 명 : *Koelreuteria paniculata* Laxmann
- 영문명 : Goldenrain tree
- 원산지 : 한국
- 꽃 말 : 기다림

- **생태 :** 바닷가에서 군락을 형성하며 자란다. 잎은 어긋나며 작은잎은 달걀 모양으로, 가장자리는 깊이 패어 들어간 모양으로 갈라진다. 7~15개의 작은잎은 달걀 모양 또는 긴 타원형이며 양면에 털이 없거나 뒷면 엽맥을 따라 털이 있고 불규칙하고 둔한 톱니가 있다.

- **쓰임새 :** 약용 및 염료용

- 6~7월에 가지에 노란색 꽃이 수상화서로 달리는데 중심부는 적색이다. 꽃받침은 거의 5개로 갈라지며 꽃잎은 4개가 모두 위를 향하여 없는 것처럼 보인다. 수술은 8개이고 수술대 밑부분에 긴 털이 있다.

목본류

▲ 모감주나무_ 잎

▲ 모감주나무_ 꽃

▼ 모감주나무_ 전경

08 무궁화

- 성 상 : 관목
- 이 명 : 무궁화나무, 목근화
- 분 류 : 아욱과(Malvaceae)
- 학 명 : *Hibiscus syriacus* L.
- 영문명 : Rose of sharon, Shrub Althaea
- 원산지 : 중국
- 꽃 말 : 일편단심, 은근과 끈기

▲ 무궁화_ 잎

▲ 무궁화_ 꽃

▲ 무궁화_ 암술대

▲ 무궁화_ 무리

- **생태 :** 높이는 2~3m에 달하고 굵게 자라며 수피는 회색이다. 어린 가지에는 털이 있으나 점차 없어지고, 섬유질로 되어 질기며 잘 꺾이지 않는다. 달걀형의 잎은 어긋나고 3개로 갈라져 5장으로 되며 표면에는 털이 없고 가장자리에는 둔하거나 예리한 톱니가 있다.

- **쓰임새 :** 식용, 약용 및 관상용

- 꽃은 8~9월에 피고 1개씩 달리며 보통 분홍색 내부에 짙은 홍색이 돈다. 꽃잎은 도란형이고 5개가 밑부분에서 서로 붙어 있으며 암술대가 수술통 중앙부를 뚫고 나오고 암술머리는 5개이다.

09 박태기나무

- **성 상** : 관목
- **이 명** : 소방목, 밥태기꽃나무, 구슬꽃나무
- **분 류** : 콩과(Fabaceae)
- **학 명** : *Cercis chinensis* Bunge
- **영문명** : Chinese redbud
- **원산지** : 중국
- **꽃 말** : 우정, 의혹

▲ 박태기나무_ 수피

▲ 박태기나무_ 꽃

- **생태 :** 꽃봉오리가 밥풀을 닮아 '밥티기'라는 말에서 유래되었다 하며, 일부 지방에서는 밥티나무라고도 한다. 높이는 3～5m 정도 자라고, 밑에서 몇 개의 줄기가 올라와 포기를 형성한다. 수피는 회갈색이고 어린 가지는 지그재그로 자라며 피목이 많다. 잎은 어긋나며 심장형이고 콩과 식물 중에서는 보기 드문 단엽이고 가죽질이다. 표면은 윤기가 있으며 털이 없고 뒷면은 황록색이다.

- **쓰임새 :** 약용 및 관상용

- 4월 하순에 잎보다 먼저 꽃이 피며 자홍색의 꽃이 7～8개, 많은 것은 20～30개씩 모여 달려서 나무 전체가 꽃방망이처럼 장관을 이룬다. 수술은 연한 홍색이며 암술은 황록색이지만 끝은 적색이다.

▲ 박태기나무_ 전경

10 밤나무

- **성 상 :** 교목
- **분 류 :** 참나무과(Fagaceae)
- **학 명 :** *Castanea crenata* Siebold & Zucc.
- **영문명 :** Chestnut
- **원산지 :** 중국
- **꽃 말 :** 포근한 사랑, 정의

▲ 밤나무_ 꽃과 잎

▲ 밤나무_ 꽃(확대)

● **생태 :** 높이는 15m 정도 자라며, 수피는 암갈색 또는 암회색이고 세로로 불규칙하게 갈라진다. 잎은 어긋나고 타원형이며 윤이 나고 끝이 뾰족하며 가장자리에 톱니가 있다.

● **쓰임새 :** 식용 및 목재용

● 꽃은 흰색으로 6~7월에 독특한 냄새를 풍기면서 암꽃과 수꽃이 무리 지어 핀다. 수꽃은 꼬리 모양의 긴 꽃이삭에 달리고, 암꽃은 그 밑에 2~3개가 달린다.

▲ 밤나무_ 전경

11 배롱나무

- **성 상** : 교목
- **이 명** : 백일홍, 백일홍나무
- **분 류** : 부처꽃과(Lythraceae)
- **학 명** : *Lagerstroemia indica* L.
- **영문명** : Common crapemyrtle
- **원산지** : 중국
- **꽃 말** : 수다스러움, 웅변, 꿈, 행복

▲ 배롱나무_ 꽃 무리

● **생태** : 높이는 5m에 달하며 줄기는 굴곡이 심한 편이고, 가지는 엉성하게 나서 나무의 전체 모양이 고르지 못하다. 수피는 적갈색이고 평활하며 껍질이 벗겨진 곳은 흰색이고 혹이 잘 생긴다. 잎은 타원형 또는 도란형이고 다소 가죽질이며 늦게 나온다. 잎 표면은 윤이 나고 털이 없으며 뒷면에는 짧은 털이 있다.

▲ 배롱나무_ 잎

● **쓰임새** : 식용, 약용 및 관상용

● 꽃은 양성으로서 7~9월에 피고 홍색이며 가을까지 꽃이 달려 '목백일홍'이라고도 한다. 꽃받침은 6개로 갈라지며 때로는 홍자색이 돌고 꽃잎도 6개로 둥글며 주름살이 많다. 수술은 30~40개로 가장자리의

▲ 배롱나무_ 꽃

6개가 길며 암술은 1개이고 암술대가 수술 밖으로 나온다.

12 벗나무

- **성 상** : 교목
- **이 명** : 벗나무, 산벗나무, 참벗나무
- **분 류** : 장미과(Rosaceae)
- **학 명** : *Prunus serrulata* var. *spontanea* (Maxim.) E. H. Wilson
- **영문명** : Oriental Cherry
- **원산지** : 한국
- **꽃 말** : 정신의 아름다움, 가인, 결박

- **생태 :** 높이는 20m에 달하며 암갈색의 수피가 옆으로 벗겨진다. 잎은 어긋나며 달걀 모양 또는 난상 피침형이고 끝이 길고 뾰족하며 가장자리에 잔 톱니가 있다. 잎 뒷면은 회녹색이다.

▲ 벚나무_ 줄기와 잎

- **쓰임새 :** 식용, 약용 및 가로수 식재용

- 꽃은 4~5월에 피고 연한 홍색 또는 흰색이며 잎겨드랑이에 2~5개씩 달린다. 6~7월에 적색에서 흑색으로 열매가 익는다.

▲ 벚나무_ 꽃

▲ 벚나무_ 전경

13 병꽃나무

- **성 상** : 관목
- **분 류** : 인동과(Caprifoliaceae)
- **학 명** : *Weigela subsessilis* L. H. Bailey
- **영문명** : Korean Weigela
- **원산지** : 한국
- **꽃 말** : 전설

▲ 병꽃나무_ 꽃봉오리

▲ 병꽃나무_ 꽃

● **생태 :** 꽃의 모양이 병처럼 생겼다 하여 '병꽃나무'라 부르며, 전국의 양지바른 산기슭에서 자란다. 높이는 2~3m에 이르는 특산종이고, 작은 가지는 녹색이지만 점차 회갈색으로 변한다. 도란형 또는 넓은 달걀형의 잎은 마주나고 끝이 뾰족하며 잎 가장자리에는 잔 톱니가 있다.

● **쓰임새 :** 약용 및 가로수 식재용

● 꽃은 5월에 피고 잎겨드랑이에서 병을 거꾸로 세운 모양 또는 깔때기 모양으로 1~2송이씩 달린다. 처음에는 황록색으로 피지만 점차 붉은색으로 변해서, 한 그루에서 2가지 색깔의 꽃을 볼 수 있다.

▼ 병꽃나무_ 꽃 무리

14 보리수나무

- 성 상 : 관목
- 이 명 : 볼네나무, 보리장나무, 보리화주나무, 보리똥나무
- 분 류 : 보리수나무과(Elaeagnaceae)
- 학 명 : *Elaeagnus umbellata* Thunb.
- 영문명 : Autumn Elaeagnus
- 원산지 : 한국
- 꽃 말 : 부부의 사랑, 결혼, 해탈

- **생태 :** 우리나라 중부 이남에
  분포하며, 높이는 3~4m이고
  수피는 회색빛이 도는 흑갈색
  이며, 가지에는 가시가 있다.
  어린 가지는 은백색 또는 갈
  색이다. 잎은 어긋나며 긴 타
  원형이고 가지와 잎자루, 잎
  뒷면에는 회백색의 비늘조각
  이 빽빽하게 나 있다.

▲ 보리수나무_ 잎

- **쓰임새 :** 식용 및 약용

- 꽃은 향기가 있으며 5~6월에
  피고, 흰색에서 연황색으로 변
  한다. 새 가지의 잎겨드랑이에
  서 1~7개의 꽃이 다발로 달린
  다. 수술은 4개, 암술은 1개이
  며 암술대에 인모가 있다.

▲ 보리수나무_ 꽃

▲ 보리수나무_ 전경

15 사과나무

- 성 상 : 교목
- 이 명 : 사과, 능금나무
- 분 류 : 장미과(Rosaceae)
- 학 명 : *Malus pumila* Mill.
- 영문명 : Commom apple
- 원산지 : 발칸 반도
- 꽃 말 : 유혹

- **생태 :** 사과는 옛날부터 우
  리나라의 대표적인 과일
  이다. 높이는 약 10m에 달
  하며 작은 가지는 자줏빛
  을 띤다. 잎은 어긋나고
  타원형 또는 달걀 모양이
  며, 가장자리에 톱니가 있
  고 맥 위에 털이 있다.

▲ 사과나무_ 잎

- **쓰임새 :** 식용

- 꽃은 4~5월에 피고 흰색
  또는 담홍색의 꽃이 잎과
  함께 가지 끝 잎겨드랑이
  에서 나온다.

▲ 사과나무_ 꽃

목 본 류

▲ 사과나무_ 전경

16 산사나무

- **성 상** : 교목
- **이 명** : 아가위나무, 찔광이, 찔구배나무, 질배나무
- **분 류** : 장미과(Rosaceae)
- **학 명** : *Crataegus pinnatifida* Bunge
- **영문명** : Large Chinese Hawthorn
- **원산지** : 한국
- **꽃 말** : 유일한 사랑

▲ 산사나무_ 꽃(흰색)

▲ 산사나무_ 꽃(담홍색)

- **생태 :** 겨울에 잎이 지는 큰키나무로서 높이는 6m에 달한다. 줄기는 대부분 회색을 띠고 가지에 털은 없으며 예리한 가시가 있다. 잎은 어긋나고 달걀이나 세모난 달걀 모양이며 표면은 짙은 녹색이고 윤채가 있다. 가장자리에는 뾰족하고 불규칙한 톱니가 있다.

- **쓰임새 :** 식용, 약용 및 관상용

- 잎이 핀 다음 4~5월에 흰색 또는 담홍색의 꽃이 피며, 배

▲ 산사나무_ 전경

꽃같이 작은 꽃이 몇 송이씩 뭉쳐서 달린다. 수술은 20개이며 꽃밥은 홍색이다.

17 산수국

- **성 상**: 관목
- **이 명**: 털수국, 털산수육
- **분 류**: 범의귀과(Saxifragaceae)
- **학 명**: *Hydrangea serrata* for. *acuminata* (Siebold & Zucc.) Wilson
- **원산지**: 한국
- **꽃 말**: 변하기 쉬운 마음

▲ 산수국_ 잎 　　　　　　　　　　▲ 산수국_ 꽃

● **생태 :** 우리나라 중부 이남의 산이나 산골짜기, 돌무더기의 습기가 많은 곳에서 자란다. 높이는 1m에 달하며 밑에서 많은 줄기를 낸다. 잎은 타원형 또는 달걀 모양이며 끝은 꼬리처럼 길고 날카롭고, 가장자리에 날카로운 톱니가 있다.

● **쓰임새 :** 식용, 약용 및 관상용

● 꽃은 7~8월에 그해에 자란 가지 끝에 달리며 수술과 암술을 가운데 두고 그 둘레에 3~5개의 벽색 무성화가 있다. 무성화는 처음에는 희고 붉은색이지만 종자가 익기 시작하면 갈색으로 변하면서 꽃줄기가 뒤틀어진다. 양성의 꽃은 꽃받침잎이 작고 꽃잎과 함께 각각 5개이다. 수술은 5개, 암술은 1개, 암술대는 3~4개이다.

▼ 산수국_ 꽃 무리

18 쉬나무

- **성 상** : 교목
- **이 명** : 수유나무, 시유나무, 쇠동나무, 소동백나무
- **분 류** : 운향과(Rutaceae)
- **학 명** : *Evodia daniellii* Hemsley
- **영문명** : Korean Evodia
- **원산지** : 한국
- **꽃 말** : 신중함

● **생태 :** 산기슭에서 자라며, 높이는 7m에 달하는 큰 나무이다.
작은 가지는 회갈색이며 잔털이 있으나 점차 없어지고 2년생
가지는 적갈색으로 피목이 특히 발달한다. 잎은 마주나고 작은
잎은 7~11개로 타원형 또는 달걀 모양이다. 잎 표면은 짙은 녹
색이고 털이 없으며 뒷면은 회록색으로 꼬부라진 털이 있으며
가장자리에 잔 톱니가 있다.

● **쓰임새 :** 약용 및 목재용

● 잡성화 또는 암수딴그루로서 8월에 흰색 꽃이 핀다. 꽃은 향기
가 적으며 가지 끝에 달린다. 헛수술과 암술대는 5개이다.

▲ 쉬나무_ 잎

▲ 쉬나무_ 꽃

19 쉬땅나무

- **성 상** : 관목
- **이 명** : 개쉬땅나무, 마가목, 쉬나무, 빕쉬나무
- **분 류** : 장미과(Rosaceae)
- **학 명** : *Sorbaria sorbifolia* var. *stellipila* Maxim.
- **원산지** : 한국
- **꽃 말** : 신중함

▲ 쉬땅나무_ 잎

▲ 쉬땅나무_ 꽃

● **생태 :** 산기슭의 계곡이나 습지에서 자라며, 높이는 2m에 달하고 많은 줄기가 한군데에서 모여 나며 털이 없거나 성모가 있다. 잎은 어긋나고 작은잎은 13~23개로 피침형 또는 난상 피침형이다. 잎 표면에는 털이 없고 뒷면에 성모가 있으며 끝이 꼬리처럼 뾰족하다.

● **쓰임새 :** 식용, 약용 및 관상용

▲ 쉬땅나무_ 전경

● 꽃은 6~7월에 피고 가지 끝에 흰색의 많은 꽃이 달린다. 꽃받침잎과 꽃잎은 각각 5개, 수술은 40~50개로 꽃잎보다 길다.

20 신나무

- 성 상 : 교목
- 분 류 : 단풍나무과(Aceraceae)
- 학 명 : *Acer tataricum* subsp. *ginnala* (Maxim.) Wesm.
- 영문명 : Amur Maple
- 원산지 : 한국
- 꽃 말 : 가을의 연인

● **생태 :** 산과 들에서 자라며, 높이는 8m에 달하고 수피는 회색 또는 흑갈색으로 세로로 갈라진다. 잎은 마주나며 하반부에서 3갈래로 얕게 갈라지고, 잎가에는 끝이 길고 뾰족하며 불규칙한 겹톱니가 있다. 표면은 녹색에 광택이 나며 뒷면에 갈색 털이 있다. 단풍이 매우 아름답기 때문에 조경수로 많이 심는다.

▲ 신나무_ 꽃

● **쓰임새 :** 약용 및 가구재, 조경수용

● 꽃은 잡성이며 5~6월에 피고 가지 끝에 황백색의 꽃이 달리며 향기가 있다. 수꽃은 5개씩의 꽃받침잎과 꽃잎 및 8개의 수술이 있으며 수술대는 흰색이다. 양성화는 5개씩의 꽃받침잎과 꽃잎 및 8~9개의 수술이 있으며 암술은 1개이고 흰색 털이 촘촘히 나 있다.

▲ 신나무_ 전경

21 아까시나무

- **성 상** : 교목
- **이 명** : 아카시아나무, 개아까시나무
- **분 류** : 콩과(Fabaceae)
- **학 명** : *Robinia pseudoacacia* L.
- **영문명** : Black Locust, False Acasia
- **원산지** : 북아메리카
- **꽃 말** : 품위

● **생태 :** 산과 들에서 자라며, '아카시나무'라고도 한다. 뿌리에는 질소 고정 박테리아가 있어서 척박한 땅에서도 잘 자랄 수 있는 속성수종으로 사방공사에 많이 이용하였다. 높이는 25m에 달하고, 수피는 노란빛을 띤 갈색이고 세로로 갈라지며 턱잎이 변한 가시가 있다. 잎은 어긋나고 작은잎은 9~19개이며 타원형이거나 달걀 모양이다. 양면에 털이 없고 가장자리가 밋밋하다.

● **쓰임새 :** 식용, 약용 및 조림용

● 5~6월에 흰색의 꽃이 피지만 기부는 누른빛이 돌며 길이는 1.5~2㎝로 향기가 진하다. 우리나라에서 생산되는 꿀의 약 80%가 아까시 꿀이다.

▲ 아까시나무_ 잎

▲ 아까시나무_ 꽃

▲ 아까시나무_ 전경

목본류

22 앵도나무

- **성 상** : 관목
- **이 명** : 앵도, 앵두나무, 천금
- **분 류** : 장미과(Rosaceae)
- **학 명** : *Prunus tomentosa* Thunb.
- **영문명** : Nanking cherry, Chinese bus
- **원산지** : 중국
- **꽃 말** : 수줍음

● **생태 :** 앵두나무라고도 하며, 높이는 3m에 달하고 가지가 많이 갈라지며 수피는 흑갈색이다. 도란형 또는 타원형의 잎은 어긋나고 주름이 많으며 가장자리에 잔 톱니가 있다. 표면에 잔털이 있으며 뒷면에 흰색 융모가 많다.

▲ 앵도나무_ 꽃

● **쓰임새 :** 식용, 약용 및 관상용

● 흰색 또는 연홍색의 둥근 꽃이 4월에 잎보다 먼저, 또는 같이 피며 1~2개씩 달린다. 꽃잎은 연한 홍색 또는 흰색으로 도란형이다.

▲ 앵도나무_ 꽃봉오리와 꽃

▲ 앵도나무_ 전경

23 잔털인동

- **성 상** : 덩굴식물
- **이 명** : 잔털인동덩굴, 버들잎인동덩굴, 섬인동
- **분 류** : 인동과(Caprifoliaceae)
- **학 명** : *Lonicera japonica* for. *chinensis* Hara
- **원산지** : 한국
- **꽃 말** : 사랑의 인연, 헌신적 사랑

▲ 잔털인동_ 꽃 무리

● **생태 :** 산이나 들에서 서식하는 덩굴성 관목으로 줄기가 오른쪽으로 감아 올라간다. 줄기는 연한 초록빛 또는 적갈색을 띤다. 잎은 마주나며 넓은 피침형 또는 달걀 모양 타원형이고 늦게 난 잎은 상록인 상태로 겨울을 보낸다. 잎의 가장자리 외에는 털이 거의 없다.

▲ 잔털인동_ 잎

● **쓰임새 :** 식용, 약용 및 관상용

● 꽃은 6~7월에 잎겨드랑이에서 피는데 5개의 수술과 1개의 암술이 있다. 위

▲ 잔털인동_ 꽃

꽃잎이 반 이상 갈라지며 겉에 홍색이 돈다.

24 좀목형_(바이텍스)

- **성 상** : 관목
- **이 명** : 풀목향, 좀순비기나무
- **분 류** : 마편초과(Verbenaceae)
- **학 명** : *Vitex negundo* var. *incisa* (Lam.) C.B. Clarke
- **영문명** : Chinese chaste-tree, Five-leaved chaste tree
- **원산지** : 한국
- **꽃 말** : 일편단심

▲ 좀목형_ 잎   ▲ 좀목형_ 꽃

- **생태 :** 높이는 2~3m 정도 자라며, 밑에서부터 많은 줄기가 올라온다. 5개, 드물게는 3개의 작은잎으로 된 잎이 마주보고 달린다. 잎 모양은 타원상 피침형이고 뒷면에 잔털과 점이 있으며 가장자리가 밋밋하다.

- **쓰임새 :** 약용 및 밀원용

- 꽃은 7~9월에 피고 연자주색의 꽃이 가지 끝이나 줄기 끝부분에 수수 이삭 모양으로 달린다.

▲ 좀목형_ 꽃 무리

25 # 쥐똥나무

- **성 상** : 관목
- **이 명** : 백당나무, 싸리버들, 남정실, 검정알나무, 귀똥나무
- **분 류** : 물푸레나무과(Oleaceae)
- **학 명** : *Ligustrum obtusifolium* Siebold & Zucc.
- **영문명** : Ibota privet
- **원산지** : 한국
- **꽃 말** : 강인한 마음

▲ 쥐똥나무_ 꽃 무리

● **생태 :** 들이나 산기슭에서 자라
며, 열매 모양이 쥐똥처럼 생겨
서 쥐똥나무라고 부른다. 나무
껍질에는 껍질눈이 있고, 회백
색의 가는 가지에는 잔털이 있
으나 2년생 가지에서는 없어진
다. 잎은 마주나고 긴 타원형이
며 끝이 약간 둔하다. 가장자리
에는 톱니가 없으며 뒷면 잎맥
위에 털이 있다.

▲ 쥐똥나무_ 잎

● **쓰임새 :** 약용 및 가로수 식재용

● 꽃은 암수한그루로 5~6월에
피며 흰 꽃이 가지 끝에 많이
달리며 향기가 오래간다. 짧은
수술은 2개로, 꽃통에 달리며
암술대는 1개이다.

▲ 쥐똥나무_ 꽃

26 찔레꽃

- **성 상** : 관목
- **이 명** : 가시나무, 찔레나무, 설널네나무, 새버나무
- **분 류** : 장미과(Rosaceae)
- **학 명** : *Rosa multiflora* Thunb.
- **영문명** : Baby rose
- **원산지** : 한국
- **꽃 말** : 고독, 주의 깊음

▲ 찔레꽃_ 잎   ▲ 찔레꽃_ 꽃봉오리

▲ 찔레꽃_ 꽃   ▲ 찔레꽃_ 꽃 무리

● **생태 :** 습기가 많은 하천이나 호수 주변에서 자라며, 높이는 2m 에 달한다. 줄기는 곧게 서거나 비스듬히 옆으로 뻗으며 가지 끝이 밑으로 처져 덩굴성으로 되고, 새 가지는 녹색이지만 겨울에는 붉게 변하며 가시가 있다. 잎은 어긋나고 작은잎은 5~9개로 타원형 또는 도란형이다. 잎 표면에는 털이 없고 뒷면에 잔털이 있으며 가장자리에 잔 톱니가 있다.

● **쓰임새 :** 식용, 약용 및 염료용

● 꽃은 5~6월에 피며 흰색 또는 연홍색의 꽃이 새 가지 끝에 달린다. 꽃잎은 도란형이고 향기가 있다. 수술은 여러 개이고 꽃밥은 노란색이며, 꽃받침과 꽃잎은 5개씩이다.

27 참조팝나무

- **성 상** : 관목
- **이 명** : 좀조팝나무, 바위좀조팝나무, 고려조팝나무
- **분 류** : 장미과(Rosaceae)
- **학 명** : *Spiraea fritschiana* Schneid.
- **영문명** : Fritsch Spiraea, Korean Spiraea
- **원산지** : 한국
- **꽃 말** : 노력

● **생태 :** 우리나라 중부 이북의
산 중턱 또는 산골짜기에 자생
한다. 높이는 1.5m에 달하고
가지는 털이 없으며 자갈색이
다. 잎은 어긋나고 타원형 또는
달걀 모양의 타원형으로 양 끝
이 좁아지고 끝이 뾰족하다. 잎
가장자리에는 톱니 또는 겹톱
니가 있고 뒷면은 회록색이다.

● **쓰임새 :** 관상용

● 5~6월에 가운뎃부분에 연한
홍색이 도는 흰색의 꽃이 새
가지 끝에 달린다. 꽃받침잎은
뒤로 젖혀지고 꽃잎은 둥글며
수술은 꽃잎의 2배 정도 길다.

▲ 참조팝나무_ 잎

▲ 참조팝나무_ 꽃

▼ 참조팝나무_ 꽃 무리

28 황금조팝나무_(일본조팝나무)

- **성 상** : 관목
- **분 류** : 장미과(Rosaceae)
- **학 명** : *Spiraea japonica* L. f.
- **영문명** : Japanese Spiraea, Goldflame Spiraea
- **원산지** : 일본
- **꽃 말** : 단정한 사랑

▲ 황금조팝나무(일본조팝나무)_ 잎

▲ 황금조팝나무(일본조팝나무)_ 꽃

● **생태 :** 조팝나무와 비슷하며 높이는 1m 정도 자란다. 넓은 달걀형의 잎은 황금색을 띠며, 표면에는 털이 거의 없고 뒷면도 맥 위를 제외하고는 털이 없다.

● **쓰임새 :** 약용 및 조경용

● 꽃은 6월경에 분홍색으로 피며, 수술은 4~20개 정도이다.

▲ 황금조팝나무(일본조팝나무)_ 전초

▼ 황금조팝나무(일본조팝나무)_ 꽃 무리

29 층꽃나무

- **성 상**: 관목
- **이 명**: 층꽃풀, 난향초
- **분 류**: 마편초과(Verbenaceae)
- **학 명**: *Caryopteris incana* (Thunb.) Miq.
- **영문명**: Nursery Spiraea
- **원산지**: 한국, 중국, 일본
- **꽃 말**: 가을의 연인

▲ 층꽃나무_ 잎   ▲ 층꽃나무_ 꽃

● **생태 :** 줄기 윗부분에 많은 꽃이 모여 달린 모습이 계단을 이룬
것처럼 보여 '층꽃나무'라 불린다. 높이는 30~60㎝이고 줄기
가 무더기로 나오며 작은 가지에 털이 많고 흰빛이 돈다. 잎은
마주나고 달걀 모양 또는 긴 타원형이며 끝이 뾰족하다. 표면은
짙은 녹색이고 털이 있으며 뒷면은 회백색으로 밀모가 있고 가
장자리에 5~10개씩의 톱니가 있다.

● **쓰임새 :** 약용

● 꽃은 여름에 피고 연한 자줏빛이지만 연한 분홍색과 흰빛을 띠
기도 한다. 암술대는 2개로 갈라지고 4개의 수술 중 2개는 길며
모두 꽃 밖으로 길게 나온다.

▲ 층꽃나무_ 꽃 무리

30 칠엽수

- 성 상 : 교목
- 이 명 : 칠엽나무, 왜칠엽나무
- 분 류 : 칠엽수과(Hippocastanaceae)
- 학 명 : *Aesculus turbinata* Blume
- 영문명 : Japanese Horse Chestnut
- 원산지 : 일본
- 꽃 말 : 사치스러움, 낭만, 정열

- **생태 :** 높이는 30m에 달하고 굵은 가지가 사방으로 퍼지며, 수피는 회갈색이고 1년생 가지는 적갈색이다. 잎은 마주나고 손바닥을 편 듯한 장상복엽이다. 작은잎은 5~7개이며 긴 도란형이고 밑부분의 것은 작으나 중앙에 있는 것은 가장 크고, 그 옆의 작은잎은 점점 작아진다. 중앙의 잎은 표면에 털이 없고 뒷면에 적갈색의 부드러운 털이 있다.

▲ 칠엽수_ 전경

목본류

- **쓰임새 :** 약용 및 관상용

- 암꽃과 수꽃이 한꺼번에 달리는 잡성화로서, 가지 끝에 분홍색을 띤 흰색 꽃이 5~6월에 빽빽이 달린다. 수꽃에 7개의 수술과 1개의 퇴화된 암술이 있으며 양성화는 7개의 수술과 1개의 암술이 있다.

▲ 칠엽수_ 잎

▲ 칠엽수_ 꽃

31 붉은꽃칠엽수

- **성 상 :** 교목
- **이 명 :** 미국칠엽수, 붉은꽃마로니에
- **분 류 :** 칠엽수과(Hippocastanaceae)
- **학 명 :** *Aesculus carnea* Hayne
- **영문명 :** American buckeye
- **원산지 :** 미국
- **꽃 말 :** 사치스러움, 낭만, 정열

▲ 붉은꽃칠엽수_ 잎

▲ 붉은꽃칠엽수_ 꽃

- **생태 :** 미국칠엽수(*A. pavia*)와 서양칠엽수(*A. hippocastanum*)의 교배종이다. 잎은 마주나고 크며 손바닥 모양으로 갈라진다. 턱잎은 없고, 작은잎은 5~7개이다. 칠엽수보다 꽃 피는 시기가 조금 빠르다.

- **쓰임새 :** 관상용

- 4~5월에 붉은색 꽃이 핀다.

▲ 붉은꽃칠엽수_ 전경

32 피나무 (달피)

- 성 상 : 교목
- 이 명 : 꽃피나무, 달피나무
- 분 류 : 피나무과(Tiliaceae)
- 학 명 : *Tilia amurensis* Rupr.
- 영문명 : Amur Linden, Basswood
- 원산지 : 한국
- 꽃 말 : 부부애

● **생태 :** 해발 100~1,700m 산야
의 숲 속에서 자라며, 높이는
20m에 이른다. 줄기는 곧게 자
라며 회갈색이고 흰색의 반점
이 있다. 잎은 넓은 달걀형이고
어긋난다. 잎 표면에는 털이 없
으며 뒷면은 회갈색으로 갈색
털이 촘촘하며 예리한 톱니가
있다.

▲ 피나무_ 잎

● **쓰임새 :** 약용 및 정원수 조경용

● 6월에 잎겨드랑이에 3~20송
이씩 담황색 꽃이 달리며 진한
향기가 난다. 황색의 많은 수술
이 꽃잎보다 길게 밖으로 튀어
나온다.

▲ 피나무_ 꽃

▲ 피나무_ 수피

▲ 피나무_ 전경

33 황벽나무

- 성 상 : 교목
- 이 명 : 황경피나무
- 분 류 : 운향과(Rutaceae)
- 학 명 : *Phellodendron amurense* Rupr.
- 영문명 : Amur cork tree
- 원산지 : 중국, 일본, 한국
- 꽃 말 : 자유로운 마음, 기다림

▲ 황벽나무_ 잎

▲ 황벽나무_ 꽃

● **생태 :** 깊은 산간지대에서 자라
고, 높이는 10m에 달하며 굵은
가지가 사방으로 퍼진다. 껍질
은 연한 회색으로 코르크가 발
달하여 깊은 홈이 있다. 껍질을
벗기면 내피가 황색을 띤다 하
여 '황벽나무'라 한다. 잎은 마
주나고 작은잎은 5～13개로서
달걀 모양이고 뒷면은 흰빛이
돌며 털이 약간 있다.

● **쓰임새 :** 염료용 및 목재용

● 꽃은 6월에 암수가 딴 그루에서
피며, 꽃잎은 5～8개로 안쪽에
털이 있다. 수꽃에는 5～6개의
수술과 퇴화한 암술이 있다.

▲ 황벽나무_ 꽃 무리

▲ 황벽나무_ 전경

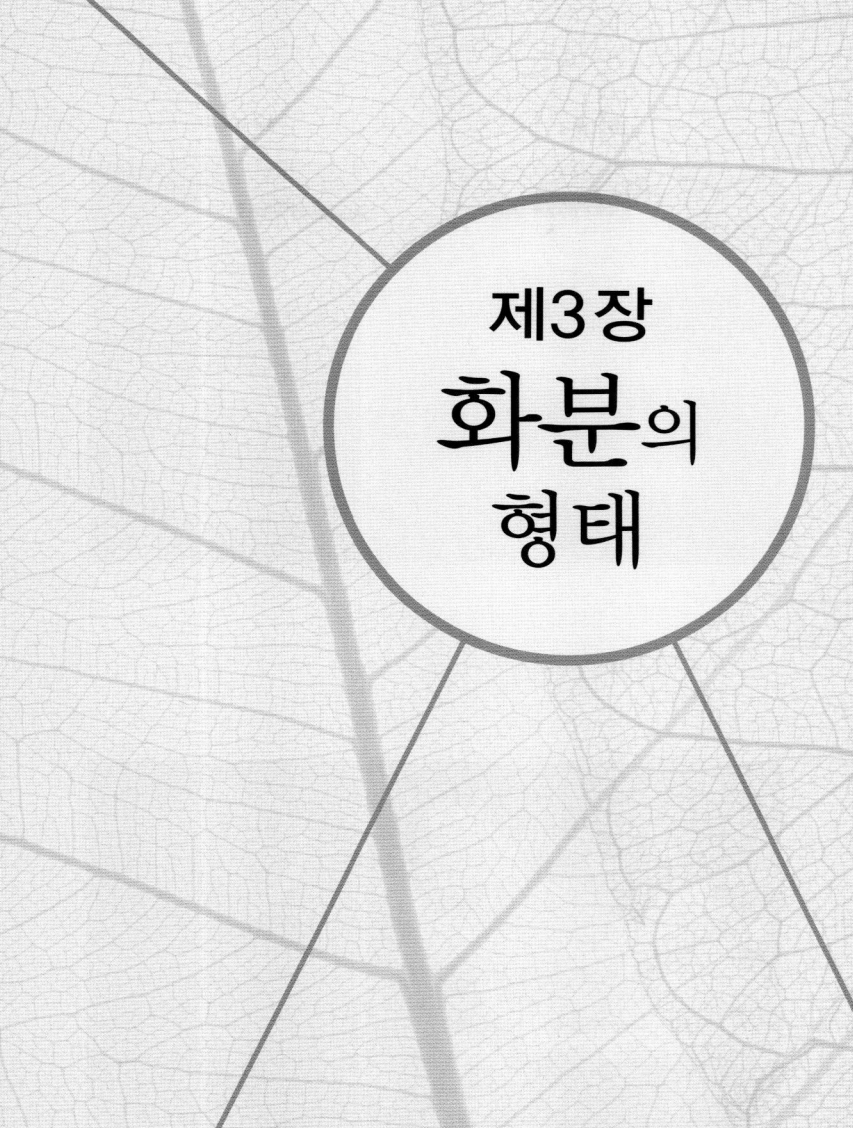

제3장
화분의
형태

01 꼬리풀 (*Veronica linariaefolia*)

꼬리풀은 통화식물목(Tubiflorales) 현삼과에 속하는 여러해살이풀로 화분은 단립이고 크기는 소립이며 약장구형이다. 발아구는 3구형이고 표면은 유선상으로 선은 뚜렷하지 않으며 골은 얕고, 작은 구멍이 분포한다.

02 꽃범의꼬리 (*Physostegia virginiana*)

꽃범의꼬리는 통화식물목(Tubiflorales) 꿀풀과에 속하는 여러해살이풀로 화분은 단립이고 크기는 소립이며 약장구형이다. 발아구는 6구형이고 표면은 망상이며 여러 개의 원주상 기둥으로 구성되어 있다.

03 꽃양귀비 (*Papaver Rhoeas*)

꽃양귀비는 양귀비목(Papaverales) 양귀비과에 속하는 한해살이풀로 화분은 단립이고 크기는 중립이며 구형이다. 발아구는 3구형이고 표면에 미립상의 작은 돌기가 분포한다.

04 다알리아 (*Dahlia pinnata*)

다알리아는 초롱꽃목(Campanulales) 국화과에 속하는 여러해살이풀로 화분은 단립이고 크기는 중립이며 구형이다. 발아구는 3구형이며 표면은 극상이며 불규칙하고 구멍이 존재한다.

05 도라지 (*Platycodon grandiflorum*)

도라지는 초롱꽃목(Campanulales) 초롱꽃과에 속하는 여러해살이풀로 화분은 단립이고 크기는 중립이며 약단구형이다. 발아구는 6구형이며 표면에 불규칙하고 작은 가시가 분포한다.

06 두메부추 (*Allium senescens*)

두메부추는 백합목(Liliales) 백합과에 속하는 여러해살이풀로 화분은 단립이고 크기는 중립이며 배 모양이다. 발아구는 원구형이고 표면은 난선상이며 골은 얕다.

07 명자꽃[산당화] (*Chaenomeles speciosa*)

명자꽃은 장미목(Rosales) 장미과에 속하는 관목으로 화분은 단립이고 크기는 중립이며 장구형이다. 발아구는 3구형이고 표면은 난선상이며 선은 불규칙하고 골은 얕다.

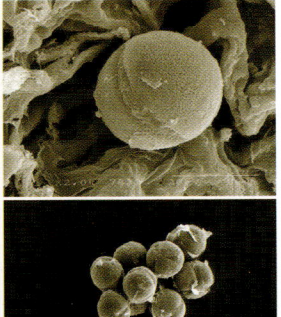
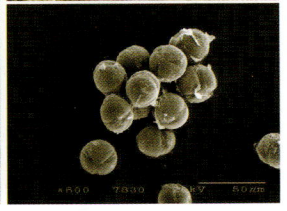

08 모감주나무 (*Koelreuteria paniculata*)

모감주나무는 무환자나무목(Sapindales) 무환자나무과에 속하는 교목으로 화분은 단립이고 크기는 중립이다. 발아구는 3구형이고 표면은 유선상으로 선이 뚜렷하게 발달하며 골에 구멍이 분포한다.

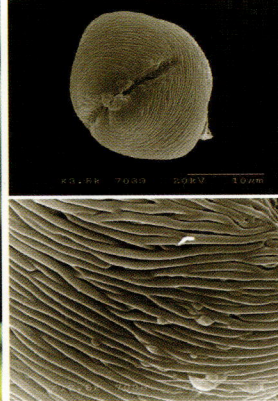

09 목화(*Gossypium indicum*)

목화는 아욱목(Malvales) 아욱과에 속하는 한해살이풀로 화분은 단립이고 구형이다. 발아구는 산공형이고 표면에는 큰 가시가 있다.

10 밀짚꽃[종이꽃](*Helichrysum bracteatum*)

밀짚꽃은 초롱꽃목(Campanulales) 국화과에 속하는 두해살이풀로 화분은 단립이며 크기는 중립이고 구형이다. 발아구는 3구형이며 표면은 극상이 며 불규칙하고 소공이 존재한다.

⑪ 백일홍(*Zinnia elegans*)

백일홍은 초롱꽃목(Campanulales) 국화과에 속하는 한해살이풀로 화분은 단립이며 크기는 중립이고 구형이다. 발아구는 3구형이며 표면은 극상이고 가시의 기부는 팽대하며 불규칙하고 소공이 존재한다.

⑫ 병꽃나무꽃(*Weigela subsessilis*)

병꽃나무꽃은 꼭두서니목(Rubiales) 인동과에 속하는 관목으로 화분은 단립이며 크기는 중립이고 구형이다. 발아구는 3구형이고 표면에는 크고 작은 돌기가 분포한다.

⑬ 봉선화(*Impatiens balsamina*)

봉선화는 무환자나무목(Sapindales) 봉선화과에 속하는 한해살이풀로 화분은 단립이며 크기는 중립이고 장구형이다. 발아구는 3구형이고 표면은 망상으로 벌집 형태이다.

⑭ 붉은꽃칠엽수(*Aesculus carnea*)

붉은꽃칠엽수는 무환자나무목(Sapindales) 칠엽수과에 속하는 교목으로 화분은 단립이고 크기는 중립이며 아장구형이다. 발아구는 3구형이고 표면은 유선상으로 선은 발달하고 골에 작은 구멍이 분포되어 있다.

15 사상자 (*Torilis japonica*)

사상자는 산형화목(Umbellales) 산형과에 속하는 두해살이풀로 화분은 단립이며 크기는 소립이고 초장구형이다. 발아구는 산공형이고 표면은 난선상이고 선은 불규칙하다.

16 산사나무 (*Crataegus pinnatifida*)

산사나무는 장미목(Rosales) 장미과에 속하는 교목으로 화분은 단립이고 크기는 중립이며 약단구형이다. 발아구는 3구형이고 표면은 유선상이며 선은 불규칙하고 골은 얕다.

17 설악초 (*Euphorbia marginata*)

설악초는 쥐손이풀목(Gerniales) 대극과에 속하는 한해살이풀로 화분은 단립이고 크기는 중립이며 장구형이다. 발아구는 3구형이고 표면은 유공상으로 구멍은 작고 조밀하게 분포되어 있다.

18 에키네시아 (*Echinacea purpurea*)

에키네시아는 초롱꽃목(Campanulales) 국화과에 속하는 여러해살이풀로 화분은 단립이며 크기는 중립이고 구형이다. 발아구는 3구형이며 표면은 극상이며 불규칙하고 크기가 다른 소공이 존재한다.

19 유채 (*Brassica napus*)

유채는 양귀비목(Papaverales) 십자화과에 속하는 두해살이풀로 화분은 단립이고 크기는 소립이며 약장구형이다. 발아구는 3구형이고 표면은 망상이며 망강이 뚜렷하다.

20 작약 (*Paeonia lactiflora*)

작약은 미나리아재비목(Ranales) 작약과에 속하는 여러해살이풀로 화분은 단립이고 크기는 중립이며 약단구형이다. 발아구는 3구형이고 표면은 망상이며 망강은 작고 뚜렷하지 않다.

21 쥐깨풀 (*Mosla dianthera*)

쥐깨풀은 통화식물목(Tubiflorales) 꿀풀과에 속하는 한해살이풀로 화분은
단립이며 크기는 소립이고 약장구형이다. 발아구는 6구형이고 표면은 망
상이며 망강 내에 다시 미세한 망이 존재한다.

22 지면패랭이꽃[꽃잔디] (*Phlox subulata*)

지면패랭이꽃은 통화식물목(Tubiflorales) 꽃고비과에 속하는 여러해살이
풀로 화분은 단립이며 크기는 중립이고 구형이다. 발아구는 망강 내에
존재하며 산공형이다. 표면은 망강이며 망강 내에 다시 미세한 망이 존
재한다.

23 짚신나물 (*Agrimonia pilosa*)

짚신나물은 장미목(Rosales) 장미과에 속하는 여러해살이풀로 화분은 단립이며 크기는 중립이고 장구형이다. 발아구는 3구형이고 표면은 유선상이며 선은 미세하고 골은 얕다.

24 쪽 (*Persicaria tinctoria*)

쪽은 마디풀목(Polygonales) 마디풀과에 속하는 한해살이풀로 화분은 단립이고 크기는 중립이며 구형이다. 발아구는 산공형으로 원형이고 망강 내에 존재한다. 표면은 망상으로 비교적 뚜렷하며 망벽은 여러 개의 원주상 기둥으로 되어 있다.

25 코스모스(*Cosmos bipinnatus*)

코스모스는 초롱꽃목(Campanulales) 국화과에 속하는 한해살이풀로 화분은 단립이며 크기는 중립이고 구형이다. 발아구는 3구형이며 표면은 극상이며 불규칙하고 크기가 다른 소공이 존재한다.

26 콜레우스(*Coleus blumei*)

콜레우스는 통화식물목(Tubiflorales) 꿀풀과에 속하는 여러해살이풀로 화분은 단립이며 크기는 소립이고 약장구형이다. 발아구는 6구형이고 표면은 망상이다.

27 크림슨클로버[크림슨토끼풀] (*Trifolium incarnatum*)

크림슨클로버는 장미목(Rosales) 콩과에 속하는 한해살이풀로 화분은 단립이며 크기는 중립이고 장구형이다. 발아구는 3구형이고 표면은 망상이며 망강은 작고 벽은 낮다.

28 큰꿩의비름 (*Sedum spectabile*)

큰꿩의비름은 장미목(Rosales) 돌나물과에 속하는 여러해살이풀로 화분은 단립이고 크기는 소립이며 약장구형이다. 발아구는 3구형이고 표면은 난선상이며 선은 불규칙하게 배열되어 있다.

29 풍접초(*Cleome spinosa*)

풍접초는 양귀비목(Papaverales) 풍접초과에 속하는 한해살이풀로 화분은
단립이며 크기는 중립이고 구형이다. 발아구는 3구형이고 표면에 미립상
돌기가 분포한다.

30 헤어리베치[벳지, 털갈퀴덩굴](*Vicia villosa*)

헤어리베치는 장미목(Rosales) 콩과에 속하는 두해살이풀로 화분은 단립
이고 크기는 중립이며 장구형이다. 발아구는 3구형이고 표면은 망상이며
망벽은 낮다.

31 호박 (*Cucurbita moschata*)

호박은 박목(Cucurbitales) 박과에 속하는 한해살이풀로 화분은 단립이며 크기는 거대립이고 구형이다. 발아구는 산공형이며 표면에 극상의 돌기가 있으며 발아공이 균일하게 분포한다.

32 황금조팝나무[일본조팝나무](*Spiraea japonica*)

황금조팝나무(일본조팝나무)는 장미목(Rosales) 장미과에 속하는 관목으로 화분은 단립이고 크기는 소립이며 약장구형이다. 발아구는 3구형이고 표면은 유선상이며 선은 뚜렷하고 골은 비교적 넓으며 소공이 존재한다.

꽃 구조·잎 모양·화분 용어

[꽃과 꽃차례]

- **도란형** : 거꾸로 서 있는 달걀 모양의 꽃잎
- **설상화** : 꽃잎이 합쳐져서 1개의 꽃잎처럼 된 혀 모양의 꽃
- **통상화** : 긴 관 또는 통 모양의 꽃
- **윤산화서** : 꽃대에 꽃이 고리 모양으로 달리는 꽃 순서
- **총상화서** : 꽃대에 꽃자루가 있는 여러 개의 꽃이 붙어서 밑에서부터 피기 시작하는 꽃 순서

[화분(꽃가루) 형태]

- **초장구형** : 화분의 극축 길이와 적도의 직경 비가 2.00 이상
- **장구형** : 화분의 극축 길이와 적도의 직경 비가 1.34~1.99
- **아장구형** : 화분의 극축 길이와 적도의 직경 비가 1.15~1.33
- **약장구형** : 화분의 극축 길이와 적도의 직경 비가 1.01~1.14
- **구형** : 화분의 극축 길이와 적도의 직경 비가 1.0
- **약단구형** : 화분의 극축 길이와 적도의 직경 비가 0.88~0.99
- **아단구형** : 화분의 극축 길이와 적도의 직경 비가 0.76~0.87
- **단구형** : 화분의 극축 길이와 적도의 직경 비가 0.51~0.75

[화분(꽃가루) 표면]

- **유선상(striate)** : 줄무늬 형상
- **난선상(rugulate)** : 뒤엉킨 줄 모양
- **망상(reticulate)** : 그물 모양

[발아구 형태]

- **구형(colpate)** : 가늘고 긴 형상
- **공형(porate)** : 원형
- **공구형(colporate)** : 구형과 공형의 혼합형
- **산공형(periporate)** : 발아구(화분관이 나오는 화분벽의 얇은 부위)가 표면에 고루 흩어져 있는 형상

■ 꽃의 구조

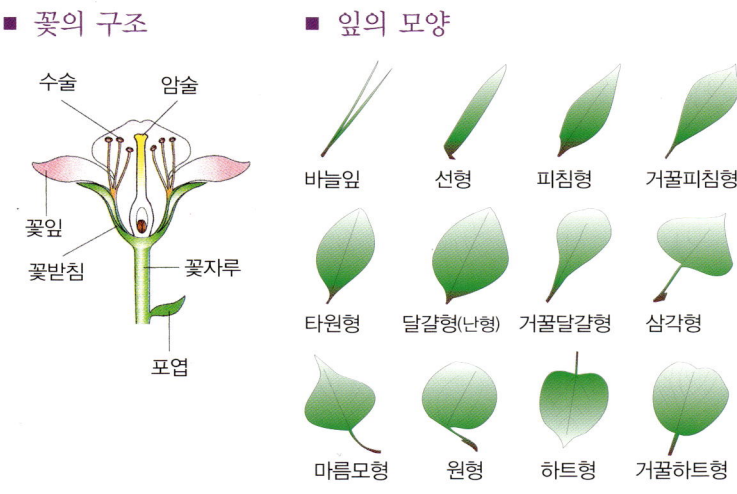

수술
암술
꽃잎
꽃받침
꽃자루
포엽

■ 잎의 모양

바늘잎　선형　피침형　거꿀피침형

타원형　달걀형(난형)　거꿀달걀형　삼각형

마름모형　원형　하트형　거꿀하트형

■ 꽃차례

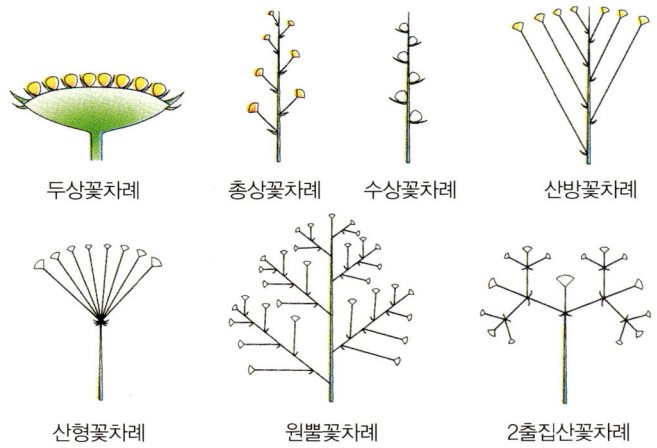

두상꽃차례　　총상꽃차례　수상꽃차례　　산방꽃차례

산형꽃차례　　　원뿔꽃차례　　　2출집산꽃차례

찾아보기

266

■ 참고문헌

1. 나무가 쓴 한국의 밀원식물 (2007), 류장발·장정원, 퍼지컴 미디어
2. 한국의 화분 Ⅰ(2000), 박호용·선병윤·김태진·오현우, 생명공학연구소
3. 한국의 화분 Ⅱ(2001), 박호용·김태진·오현우, 한국생명공학연구원
4. 대한식물도감 (1980), 이창복, 향문사
5. 한국의 밀원식물 (2005), 정헌관·류장발, (사)한국양봉협회
6. 꿀벌家의 가훈과 꿀벌산업의 가치 (2011), 이명렬·우순옥·홍인표·한상미·최용수, RDA 인테러뱅·농촌진흥청